Protein C
Klinische Bedeutung und Bestimmungsmethoden

Protein C

Klinische Bedeutung und Bestimmungsmethoden

Tagungsbericht
Symposium über Protein C
Titisee/Freiburg i. Br.
9.–11. Juli 1984

Herausgeber
Irene Witt · Ernst Zimmer

Walter de Gruyter
Berlin · New York 1986

Herausgeber
Prof. Dr. Irene Witt
Klinisch-Chemisches Labor
Biochemisches Labor
Universitäts-Kinderklinik
Mathildenstraße 1
D-7800 Freiburg

Dr. Ernst Zimmer
Boehringer Mannheim
Sandhofer Straße 116
D-6800 Mannheim

CIP-Kurztitelaufnahme der Deutschen Bibliothek

Protein C : klin. Bedeutung u. Bestimmungsmethoden ; Tagungsbericht / Symposium über Protein C, Titisee/Freiburg i. Br., 9. - 11. Juli 1984. Hrsg. Irene Witt ; Ernst Zimmer. - Berlin ; New York : de Gruyter, 1986.
Einheitssacht.: Protein C <dt.>
Teilausg.
ISBN 3-11-010849-6

NE: Witt, Irene [Hrsg.]; Workshop on Protein C <1984, Titisee/Neustadt>; EST

VORWORT

Das Krankheitsbild der Thrombose kannte man schon 2000 Jahre v. Ch., während die Lungenembolie erstmals im 17. Jahrhundert beschrieben wurde. Um 1840 zeigte dann Rudolf Virchow die kausale Verknüpfung von Thrombose und Lungenembolie. Von Virchow wurden auch die entscheidenden pathogenetischen Grundprinzipien der Thromboseentstehung erarbeitet, die in der nach ihm benannten Trias zusammengefaßt sind. Danach sind Veränderungen des Gefäßendothels, der Zirkulation sowie der Blutzusammensetzung die grundlegenden Entstehungsursachen von Thrombosen.

Lange Zeit wurde angenommen, daß die Übergerinnbarkeit des Blutes (Hyperkoagulabilität) hauptsächlich durch eine vermehrte intravasale Thrombinbildung zustande kommt. Erst in den letzten 10 Jahren erkannte man, daß eine Hyperkoagulabilität auch durch eine Verminderung von Proteinase-Inhibitoren bedingt sein kann. Die Bedeutung des Proteinase-Inhibitors Antithrombin III zeigte sich, als Ende der 60er Jahre beobachtet wurde, daß ein angeborener oder erworbener Mangel des Inhibitors mit einem hohen Risiko für thromboembolische Komplikationen verbunden ist.

Anfang der 80er Jahre fand man, daß die Thrombinbildung nicht nur durch Proteinase-Inhibitoren verhindert werden kann, sondern auch durch die Wirkung einer spezifischen Proteinase - Protein C. Die Gerinnungshemmung durch Protein C ist vermutlich von gleicher klinischer Wertigkeit wie die durch Antithrombin III.

Protein C, das als Autoprothrombin IIa bereits seit 1960 bekannt ist, erlebte eine Renaissance, als Griffin 1981 die erste Familie mit einem hereditären Defekt des Proteins in Koinzidenz mit einem hohen Risiko für Thromboembolien fand. Seither nimmt das Interesse an Protein C ständig zu.

Protein C gehört zu einem komplexen System interagierender Proteine. Es benötigt Vitamin K für die Synthese seiner biologisch aktiven Form und ein ebenfalls Vitamin K-abhängiges Protein als Cofactor. Seine Aktivierung erfolgt durch Thrombin und Thrombomodulin.

Es ist imponierend, daß die komplexe Biochemie von Protein C sowie der beteiligten Proteine in nur wenigen Jahren aufgeklärt wurde. Dabei ergaben sich neue Einsichten in die Regulation von Gerinnung und Fibrinolyse durch plasmatische Inhibitoren. Interessant ist die Beobachtung, daß Neugeborene mit einer Purpura fulminans einen homozygoten Protein C-Mangel haben.

Trotz aller bisher gewonnenen Erkenntnisse sind noch viele Probleme ungelöst. Dazu gehört eine einfache funktionelle Bestimmung des Protein C. Deren Schwierigkeiten sind auch der Grund dafür, daß bisher nur wenig Information über Veränderungen der Protein C-Aktivität während verschiedener Erkrankungen vorliegt.

Vom 9. bis 11. Juli 1984 wurde in Titisee bei Freiburg ein Symposium über Protein C abgehalten, auf dem der derzeitige Wissensstand über Biochemie, Physiologie und Pathophysiologie des Inhibitors und der weiteren am Protein C- System beteiligten Proteine präsentiert wurde. Schwerpunkte waren die Möglichkeiten zur Bestimmung der Protein C-Konzentration mit Hilfe immunologischer Methoden und die Erfassung der funktionellen Aktivität mit chromogenen photometrischen Verfahren oder mit Gerinnungstesten, sowie klinische Berichte über hereditäre und erworbene Defekte im Protein C-System.

Sämtliche Vorträge des Symposiums wurden bereits 1985 in englischer Sprache veröffentlicht. In Anbetracht der klinischen Bedeutung des Protein C-Systems wurden im vorliegenden Übersetzungsband die klinischen und methodischen Beiträge unter Verzicht auf die biochemischen Grundlagenreferate zusammengestellt, um damit einem breiteren Kreis von Interessierten den Überblick über den derzeitigen Stand der klinischen Erfahrung und methodischen Möglichkeiten zu erleichtern.

Irene Witt und Ernst Zimmer

Freiburg i. Br. und Mannheim, Januar 1986

INHALT

Biochemie und Funktion des Protein C-Systems
I. Witt 1

Protein C-Bestimmung mit einem Enzymimmunoassay
J. Amiral, C. Boyer, Ch. Rothschild, M. Wolf 17

Funktionelle Bestimmungsmethoden für Protein C in Plasma
R.M. Bertina, A.W. Broekmans 31

Angeborener Protein C-Mangel
A.W. Broekmans, R.M. Bertina 43

Protein C-Mangel bei einem Neugeborenen mit Purpura fulminans
H. Wehinger, I. Witt 57

Protein C bei Patienten unter L-Asparaginase-Behandlung
T.H. Schöndorf, I. Witt 65

Protein C bei verschiedenen Leberkrankheiten
G. Oehler, K. Matthes 77

Bestimmung von Protein C bei Patienten mit thrombotischen Erkrankungen und disseminierter intravaskulärer Gerinnung
I. Pabinger-Fasching, U. Stoffels, K. Lechner 85

Untersuchungen über die Häufigkeit des Auftretens von verschiedenen angeborenen Störungen der Fibrinolyse bei juvenilen Patienten mit Thrombosen
I. Scharrer 95

Protein C-Konzentration nach elektiven Hüftgelenksoperationen
T.H. Schöndorf, I. Witt 107

Protein C unter Heparin-Behandlung
U. Schmitz-Hübner 113

Plasma-Protein C-Spiegel unter Langzeitantikoagulation mit Phenprocoumon
P. Hellstern, G. von Blohn, C. Miyashita, M. Köhler,
P. Scheffler, E. Wenzel 119

Aktivität und Konzentration von Protein C bei Patienten mit thromboembolischen Erkrankungen und unter Phenprocoumon-Therapie
G. Müller-Berghaus, W. Thiel, K.T. Preissner,
G. Oehler, D. Heinrich 125

Sachverzeichnis 133

BIOCHEMIE UND FUNKTION DES PROTEIN C-SYSTEMS

Irene Witt
Biochemisches Labor der Universitäts-Kinderklinik
7800 Freiburg

EINLEITUNG

Der prokoagulatorischen Kapazität des plasmatischen Gerinnungssystems sind verschiedene Inhibitorsysteme entgegengerichtet.
Bis vor wenigen Jahren wurden Proteinase-Inhibitoren wie Antithrombin III als die wichtigsten Inhibitoren angesehen. 1981 stellte sich dann heraus, daß auch dem Protein C-System eine wichtige Rolle bei der Regulation des Gerinnungssystems zukommt. Die physiologische Bedeutung von Protein C und Protein S wurde deutlich erkennbar, als von Griffin (1) die erste Familie mit einem angeborenen Protein C-Mangel beobachtet wurde, der mit einem hohen Risiko für thromboembolische Komplikationen verbunden war.
Seither hat das sogenannte Protein C zunehmend das Interesse der Hämostaseologen gefunden. Es ist beeindruckend, daß nur wenige Jahre nötig waren, um die komplexe Biochemie und die Funktionen der am Protein C-System beteiligten Proteine weitgehend aufzuklären. Trotzdem sind natürlich noch viele Probleme dieses neuen Inhibitor-Systems ungelöst.
Genau betrachtet ist das Protein C kein neu entdecktes Protein. Vielmehr ist die Geschichte des Protein C ein typisches Beispiel dafür, daß naturwissenschaftliche Ergebnisse nach ihrer Publikation nicht immer die ihnen angemessene Beachtung finden und allmählich vergessen werden, bis sie nach einigen Jahren, meist unter anderen Aspekten, wieder als neue Ergebnisse mitgeteilt werden.
1960 entdeckte Seegers (2) im Rahmen seiner Arbeiten zur Reinigung von Faktor IX aus dem Prothrombin-Komplex einen Vitamin K-abhängigen Inhibitor des plasmatischen Gerinnungssystems, den er später auch isolierte und näher untersuchte (3). Er nannte diesen Inhibitor Autoprothrombin II A.

Protein C

1976, also 16 Jahre später, wurde dann von Stenflo (4, 5) ein neues Vitamin K-abhängiges Protein beschrieben, das er bei der Isolierung Vitamin K-abhängiger Gerinnungsproteine aus Plasma in seiner Säulenchromatographie-Fraktion C gefunden hatte, dem er aber keine Funktion zuordnen konnte.
Seegers wies dann im selben Jahr zweifelsfrei die Identität von Autoprothrombin II A und Protein C nach (6). Er schlug damals vor, den Inhibitor Faktor XIV zu nennen, aber es ist bisher bei dem zufälligen Namen Protein C geblieben.

Struktur und Eigenschaften von Protein C

Protein C ist im Gegensatz zu den bekannten Proteinase-Inhibitoren selbst eine Proteinase. Seine inhibierende Wirkung kommt zustande durch den proteolytischen Abbau von zwei prokoagulatorischen Proteinen, nämlich Faktor V und Faktor VIII.
Protein C ist ein Glykoprotein mit einem Molekulargewicht von etwa 60.000 Dalton. Es besteht aus 2 Polypeptidketten, einer

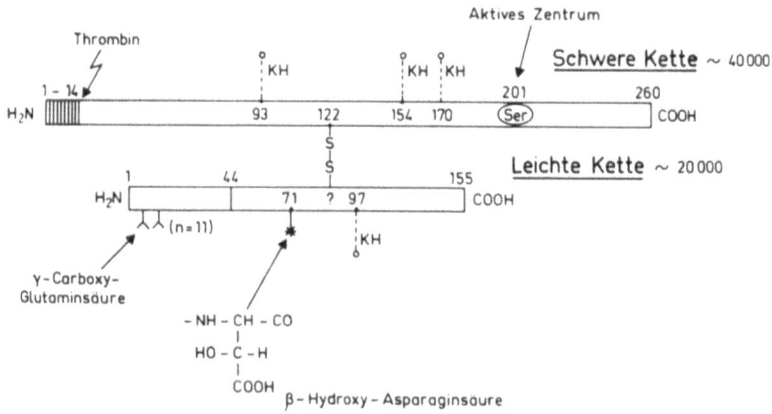

Abb. 1 Modell des Protein C-Moleküls vom Rind

schweren Kette mit einem Molekulargewicht von ca. 40.000 Dalton und einer leichten Kette mit einem Molekulargewicht von ca. 20.000 Dalton. Die Ketten sind durch eine Disulfidbrücke verbunden. Das aktive Zentrum des Proteins ist in der schweren Kette lokalisiert. Das Enzymprotein liegt zunächst in inaktiver Form im Plasma vor und wird durch Thrombin aktiviert. Dabei wird ein kleines Aktivierungspeptid von 14 Aminosäuren vom N-terminalen Ende der schweren Kette abgespalten (7 - 11) (Abb. 1).

Die Synthese von Protein C findet in der Leber statt und ist abhängig von Vitamin K. Die Wirkung von Vitamin K besteht dabei wie bei den anderen Vitamin K-abhängigen Gerinnungsfaktoren darin, die Carboxylierung verschiedener Glutaminsäurereste zu γ-Carboxyglutaminsäure zu katalysieren.

Die γ-Carboxyglutaminsäurereste sind essentiell für die biologische Aktivität aller Vitamin K-abhängiger Gerinnungsfaktoren, und zwar sowohl von den bisher bekannten, nämlich Faktor II, VII, IX und X, als auch von Protein C (12). Die 10 γ-Carboxyglutaminsäurereste liegen bei Protein C in den ersten 35 Aminosäuren der N-terminalen Region der leichten Kette.

Interessant ist, daß Protein C in Position 71 der leichten Kette eine ungewöhnliche Aminosäure enthält, die vorher noch in keinem anderen Protein gefunden worden war, nämlich eine ß-Hydroxyasparaginsäure. Diese ist posttranslational durch Hydroxylierung von Asparaginsäure entstanden (13). Die Bedeutung dieser Modifikation eines Asparaginsäurerestes ist bisher noch unklar. Es wird vermutet, daß diese Aminosäure für die Bindung des Proteins an Phospholipide notwendig ist.

Man hatte früher schon die Ausscheidung dieser Aminosäure in menschlichem und tierischem Harn beobachtet, aber nicht gewußt, wo sie herstammt. Inzwischen wurde ß-Hydroxyasparaginsäure auch in anderen Vitamin K-abhängigen Faktoren gefunden, z. B. in Faktor IX und X. Prothrombin enthält diese Asparaginsäuremodifikation nicht (14, 15, 16).

Protein C enthält ungefähr 20 % Kohlenhydrate. Drei Kohlenhydratseitenketten sind mit der schweren Kette und eine Kohlenhydratseitenkette ist mit der leichten Kette verbunden. Protein C hat im Plasma eine sehr kurze Halblebenszeit von etwa 7 Stunden.

Aktivierung von Protein C

Wie bereits erwähnt, kann Protein C durch Thrombin aktiviert werden. In vitro ist auch eine Aktivierung durch Trypsin und die Schlangengift-Protease der Russell's-Viper möglich (17).
Die Aktivierung durch Thrombin verläuft unter physiologischen Bedingungen sehr langsam. Bei der in vitro-Gerinnung von Blut entsteht nur sehr wenig aktiviertes Protein C. Eine schnellere Aktivierung von Protein C läuft am Gefäßendothel ab (Abb. 2). Am Endothel findet man einen spezifischen Rezeptor für Thrombin, das Thrombomodulin. Thrombomodulin ist ein Protein der Plasmamembran und bindet mit hoher Affinität und Spezifität Thrombin im Verhältnis 1:1. Der Thrombomodulin-Thrombin-Komplex aktiviert Protein C etwa 20.000 mal schneller als freies Thrombin (18, 19).
An Thrombomodulin gebundenes Thrombin führt nicht mehr zur Umwandlung von Fibrinogen in Fibrin. Auch zur Faktor V-Aktivierung ist es nicht mehr fähig. Ebenso ist die Plättchenaktivierung durch Thrombin-Thrombomodulin nicht möglich. Thrombomodulin

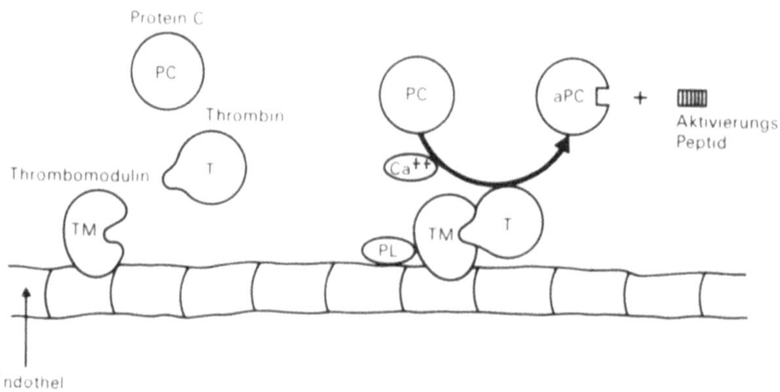

Abb. 2 Prinzip der Protein C-Aktivierung am Gefäßendothel

wirkt also hemmend auf die prokoakulatorische Funktion von Thrombin (20, 21) und ist somit ein endothelialer Rezeptor, der entscheidend in das Hämostasesystem eingreift.
Interessant ist, daß der Thrombin-Thrombomodulin-Komplex durch Antithrombin III gehemmt werden kann, und daß diese Hemmung durch Heparin beschleunigt wird (22).
Die durch Thrombomodulin stimulierte Protein C-Aktivierung läuft normalerweise nicht in Lösung ab, sondern an der Oberfläche des Gefäßendothels. Thrombomodulin bleibt während der Aktivierung am Endothel gebunden. Thrombomodulin wurde aus Lunge von Kaninchen und anderen Species isoliert und näher charakterisiert (23).
Die Aktivierung von Protein C durch den Thrombomodulin-Thrombin-Komplex ist Calcium-abhängig und benötigt Phospholipide. Die

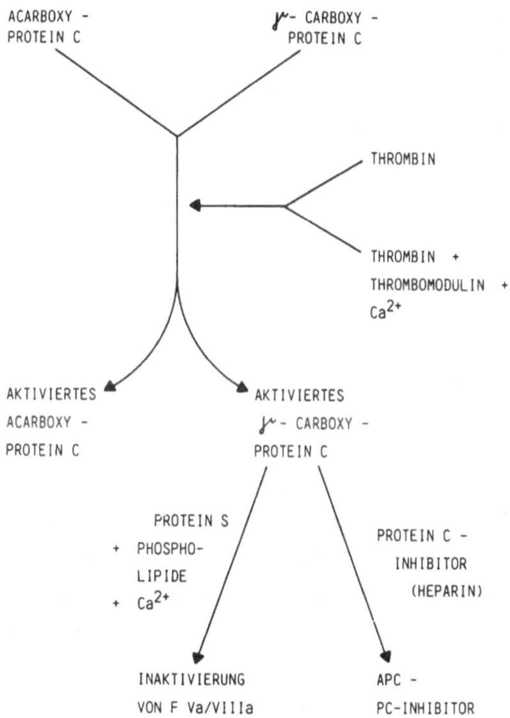

nach: Bertina und Broekmans

Abb. 3 Prinzip der Protein C-Aktivierung in vitro

Aktivierung durch Thrombin allein ist nicht Calcium-abhängig, sondern wird sogar durch Calcium gehemmt. Im Gegensatz zu den bisher bekannten Vitamin K-abhängigen Gerinnungsproteinen, deren nicht-carboxylierte Vorstufen durch ihren physiologischen Aktivator nicht aktiviert werden können, kann nicht-carboxyliertes Protein C sowohl durch Thrombin als auch durch den Thrombomodulin-Thrombin-Komplex aktiviert werden (Abb. 3). Einschränkend muß man jedoch dazu sagen, daß die Aktivierung der Acarboxy-Vorstufen durch den Thrombin-Thrombomodulin-Komplex nur in Lösung stattfinden kann. Der am Endothel über Thrombomodulin gebundene Komplex ist nicht in der Lage, Acarboxy-Protein C zu aktivieren (24, 25).

Die Tatsache, daß in vitro sowohl Thrombin als auch der Thrombin-Thrombomodulin-Komplex carboxyliertes und nicht-carboxyliertes Protein C aktivieren, muß berücksichtigt werden bei der funktionellen Bestimmung der Protein C-Aktivität. Das aktivierte nicht-carboxylierte Protein C reagiert nämlich auch mit chromogenen Peptidsubstraten. Daher muß bei der Bestimmung der Protein C-Aktivität mit chromogenen Substraten eine Trennung der carboxylierten und nicht-carboxylierten Formen stattfinden.

Wirkungsmechanismus von Protein C

Im Gegensatz zu den bisher bekannten Vitamin K-abhängigen Proteinen des Gerinnungssystems, die alle prokoagulatorisch wirken, nämlich Faktor II, VII, IX und X, hat Protein C eindeutig antikoagulatorische Wirkungen.

Die Inhibitor-Wirkung auf das plasmatische Gerinnungssystem kommt zustande durch eine spezifische Proteolyse der aktivierten Faktoren V und VIII (Abb. 4). Diese Reaktionen laufen nur an der Oberfläche von Phospholipiden ab und benötigen Calcium-Ionen (26, 27, 28).

Die Proteolyse der beiden Faktoren durch aktiviertes Protein C wird erheblich beschleunigt durch ein weiteres Vitamin K-abhängiges Protein - das Protein S (29, 30).

Struktur und Eigenschaften von Protein S

Protein S ist ein einkettiges Glykoprotein mit einem Molekulargewicht von ungefähr 69.000 Dalton und einem Kohlenhydratanteil von etwa 7 %. Einige Eigenschaften von Protein S sind denen anderer Vitamin K-abhängiger Proteine sehr ähnlich. Die N-terminale Aminosäuresequenz zeigt eine hohe Homologie mit anderen Vitamin K-abhängigen Proteinen. Protein S enthält 10 γ-Carboxyglutaminsäurereste in der N-terminalen Region (31).

Die Untersuchungen von Walker (32) haben gezeigt, daß Protein S für seine biologische Wirksamkeit keiner Strukturveränderung unterliegt.

Der Wirkungsmechanismus von Protein S besteht darin, daß es die Bindung von aktiviertem Protein C an Phospholipid-Partikel erleichtert. Abb. 5 zeigt ein Modell von Walker (32, 33, 34) für die Interaktion zwischen Protein C und Protein S. Aktiviertes Protein C bindet sich in Gegenwart von Lipid-Oberflächen an Protein S. An diesen Komplex bindet sich Faktor Va und wird durch aktiviertes Protein C proteolytisch gespalten und dadurch inaktiviert.

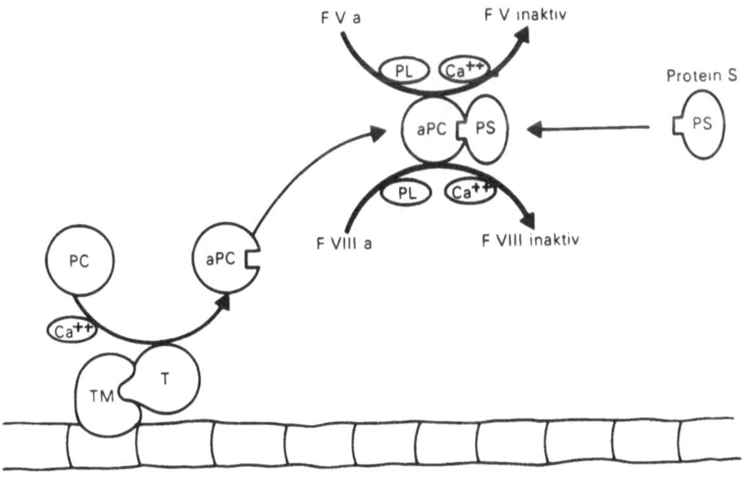

Abb. 4 Prinzip der Inhibitorwirkung von Protein C

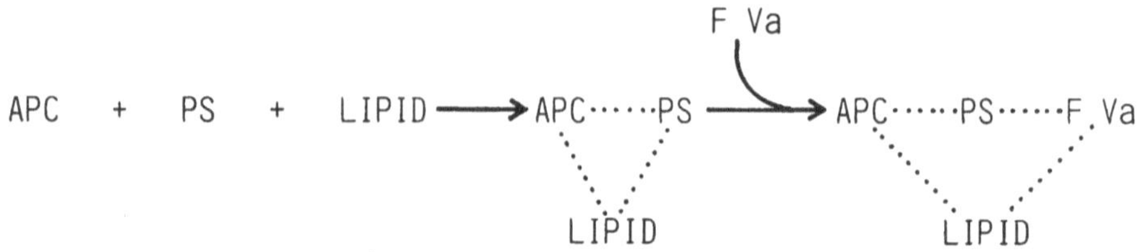

Abb. 5 Modell der Interaktion von Protein C, Protein S und Phospholipiden bei der Inaktivierung von Faktor Va. Nach F. J. Walker (Ref. 32)

Die Wirkung von Protein C ist durch eine hohe Species-Spezifität charakterisiert. So zeigt Protein C aus Humanplasma in verschiedenen tierischen Plasmen keine Aktivität. Wird jedoch Human-Protein S zusammen mit Protein C zugegeben, so ist es wieder aktiv. Diese Beobachtung zeigt, daß die Species-Spezifität durch die spezifische Interaktion von aktiviertem Protein C und Protein S der verschiedenen Species zustande kommt.
Protein S verliert seine biologische Funktion, wenn es mit Thrombin inkubiert wird. Dabei findet eine Konformationsänderung des Moleküls statt. Danach ist Protein S nicht mehr in der Lage, Calcium zu binden, obwohl die γ-Carboxyglutaminsäurereste noch vorhanden sind (35).
Im Plasma kommt Protein S in zwei Formen vor: als freies Molekül und gebunden an ein Protein, das auch die C4 b-Komponente des Komplementsystems bindet. Es besteht ein Gleichgewicht zwischen der freien und der gebundenen Form von Protein S. Ungefähr 40 % liegen im Plasma gebunden an das C4 b-binding-Protein vor und etwa 60 % in freier Form. Das gebundene Protein S ist inaktiv im Protein C-System (36).
Das C4 b-binding-Protein ist ein Regulator des Komplementsystems. Protein S hat durch die Interaktion mit dem C4 b-binding-Protein einen Einfluß auf die Aktivierung des Komplementsystems und ist dadurch ein interessantes Verbindungsglied zwischem dem Gerinnungs- und Komplementsystem.

Protein C-Inhibitor

1980 entdeckten Marlar und Griffin (37) in Humanplasma einen Inhibitor von aktiviertem Protein C. Dieses Protein ist der wichtigste Regulator der Protein C-Aktivität. Der Inhibitor wurde isoliert und seine Eigenschaften wurden untersucht (38, 39). Das Protein unterscheidet sich von allen bisher identifizierten Serinproteinase-Inhibitoren im Plasma. Es ist ein einkettiges Polypeptid mit einem Molekulargewicht von ungefähr 57.000 Dalton. Der Inhibitor hemmt die amidolytische Aktivität von aktiviertem Protein C und auch seine proteolytische Wirkung gegenüber Faktor Va und Faktor VIIIa.
Heparin beschleunigt die Reaktion zwischen aktiviertem Protein C und dem Inhibitor (40). Andere physiologische Glykosaminoglykane, wie Dermatansulfat oder Heparansulfat, haben keinen Einfluß auf die Reaktion zwischen aktiviertem Protein C und dem Protein C-Inhibitor.

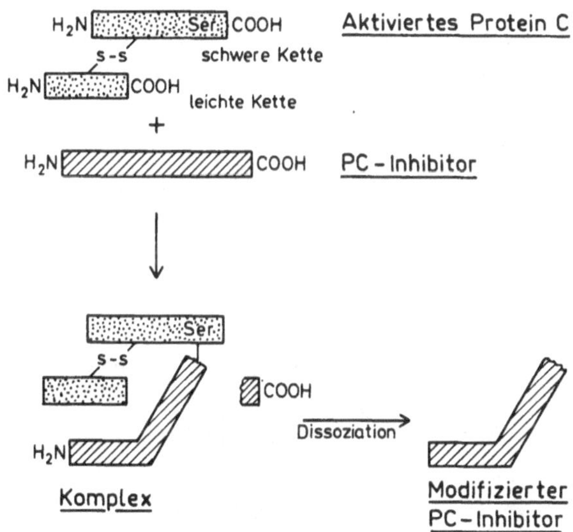

Abb. 6 Schematische Darstellung des Wirkungsmechanismus des Protein C-Inhibitors. Nach K. Suzuki (Ref. 41)

Abb. 6 zeigt ein Modell von Suzuki (41) für den Wirkungsmechanismus des Inhibitors: der Inhibitor bildet einen Komplex mit aktiviertem Protein C, wobei der Inhibitor gleichzeitig proteolytisch durch das aktivierte Protein C verändert wird. Danach wird der modifizierte Inhibitor aus dem Komplex freigesetzt. Der Mechanismus der Dissoziation ist noch ungeklärt.

Fibrinolytische Wirkung von Protein C

Schon Seegers (3, 42) hatte beobachtet, daß Autoprothrombin II a (aktiviertes Protein C) in vitro und in vivo die Fibrinolyse steigert. In neueren Untersuchungen von Comp und Esmon (43, 44) wurde bei Hunden eine beschleunigte Lyse nach Infusion von aktiviertem Protein C gefunden.
Ob aktiviertes Protein C auch beim Menschen eine Wirkung auf die Fibrinolyse hat, konnte jedoch noch nicht eindeutig nachgewiesen werden. Untersuchungen von Comp und Griffin (43, 45, 46) sprechen dafür, daß aktiviertes Protein C entweder an der Endothelzelloberfläche zur Freisetzung des Plasminogen-Gewebeaktivators führt oder den Plasminogen-Aktivator-Inhibitor neutralisiert und somit auch eine Verstärkung der Plasminogen-Aktivierung bewirkt. Eindeutige in vivo-Ergebnisse liegen jedoch noch nicht vor.

ZUSAMMENFASSUNG

Protein C ist eine Vitamin K-abhängige Proteinase, die im Plasma als inaktives Zymogen vorliegt. Die Aktivierung erfolgt in vivo vorwiegend an der Oberfläche des Gefäßendothels durch einen Komplex aus Thrombin und Thrombomodulin.
Aktiviertes Protein C hemmt den Gerinnungsablauf durch proteolytische Spaltung der Faktoren Va und VIIIa.
Die biologische Aktivität von aktiviertem Protein C wird beschleunigt durch das Vitamin K-abhängige Protein S. Protein S liegt im Plasma in freier Form und auch gebunden an das C4 b-binding-Protein des Komplementsystems vor. Gebundenes Protein S ist biologisch inaktiv.

Die Protein C-Aktivität wird durch einen spezifischen Inhibitor reguliert. Der Inhibitor wird stimuliert durch Heparin.
Die Frage, ob Protein C einen Einfluß auf das Fibrinolysesystem hat, kann noch nicht eindeutig beantwortet werden.

LITERATUR

1. Griffin, J.H., Evatt, B., Zimmerman, T.S., Kleiss, A.J., Wideman, C.
   Deficiency of protein C in congenital thrombotic disease.
   J. Clin. Invest. 68, 1370 -1373 (1981)

2. Mammen, E.F., Thomas, W.R., Seegers, W.H.
   Activation of purified prothrombin to autoprothrombin I or autoprothrombin II (platelet cofactor II) or autoprothrombin II-A.
   Thromb. Diath. Haemorrh. 5, 218 - 249 (1960)

3. Seegers, W.H., McCoy, L.E., Groben, H.D., Sakuragawa, N., Agrawal, B.B.L.
   Purification and some properties of autoprothrombin II-A: an anticoagulant perhaps also related to fibrinolysis.
   Thromb. Res. 1, 443 - 460 (1972)

4. Stenflo, J.
   A new vitamin K-dependent protein.
   J. Biol. Chem. 251, 355 - 363 (1976)

5. Esmon, C.T., Stenflo, J., Suttie, J.W.
   A new vitamin K-dependent protein. A phospholipid-binding zymogen of a serine esterase.
   J. Biol. Chem. 251, 3052 - 3056 (1976)

6. Seegers, W.H., Novoa, E.H., Raymond, L., Hassouna, H.J.
   Relationship of "new" vitamin K-dependent protein C and "old" autoprothrombin II-A.
   Thromb. Res. 8, 543 - 552 (1976)

7. Kisiel, W., Ericsson, L.H., Davie, E.W.
   Proteolytic activation of protein C from bovine plasma.
   Biochemistry 15, 4893 - 4900 (1976)

8. Kisiel, W.
   Human plasma protein C. Isolation, characterization and mechanism of activation by alpha-thrombin.
   J. Clin. Invest. 64, 761 - 769 (1979)

9. Kisiel, W., Davie, E.W.
   Protein C in: Meth. Enzymol. 80, 320 - 332 (1981)

10. Fernlund, P., Stenflo, J.
Amino acid sequence of the light chain of bovine protein C.
J. Biol. Chem. 257, 12170 - 12179 (1982)

11. Stenflo, J., Fernlund, P.
Amino acid sequence of the heavy chain of bovine protein C.
J. Biol. Chem. 257, 12180 - 12190 (1982)

12. Amphlett, G.W., Kisiel, W., Castellino, F.J.
Interaction of calcium with bovine plasma protein C.
Biochemistry 20, 2156 - 2161 (1981)

13. Drakenberg, T., Fernlund, P., Roepstorff, P., Stenflo, J.
ß-Hydroxyaspartic acid in vitamin K-dependent protein C.
Proc. Natl. Acad. Sci. USA 80, 1802 - 1806 (1983)

14. McMullen, B.A., Fujikawa, K., Kisiel, W., Sasagawa, T., Howald, W.M., Kwa, E.Y., Weinstein B.
Complete amino acid sequence of the light chain of human blood coagulation factor X: evidence for identification of residue 63 as ß-Hydroxyaspartic acid
Biochemistry 22, 2875 - 2884 (1983)

15. Fernlund, P., Stenflo, J.
ß-Hydroxyaspartic acid in vitamin K-dependent proteins.
J. Biol. Chem. 258, 12509 - 12512 (1983)

16. McMullen, B.A., Fujikawa, K., Kisiel, W.
The occurrence of ß-Hydroxyaspartic acid in the vitamin K-dependent blood coagulation zymogens.
Biochem. Biophys. Res. Commun. 115, 8 - 14 (1983)

17. Kisiel, W., Canfield, W.M., Ericsson, L.H., Davie, E.W.
Anticoagulant properties of bovine plasma protein C following activation by thrombin.
Biochemistry 16, 5824 - 5831 (1977)

18. Esmon, C.T., Owen, W.G.
Identification of an endothelial cell cofactor for thrombin-catalyzed activation of protein C.
Proc. Natl. Acad. Sci. USA 78, 2249 - 2252 (1981)

19. Owen, W.G., Esmon, C.T.
Functional properties of an endothelial cofactor for thrombin-catalyzed activation of protein C.
J. Biol. Chem. 256, 5532 - 5535 (1981)

20. Esmon, C.T., Esmon, N.L., Harris, K.W.
Complex formation between thrombin and thrombomodulin inhibits both thrombin-catalyzed fibrin formation and factor V activation.
J. Biol. Chem. 257, 7944 - 7949 (1982)

21. Esmon, N.L., Carroll, R.C., Esmon, C.T.
Thrombomodulin inhibition of platelet activation by thrombin.
Thrombos. Haemostas. 50, 81 (1983)

22. Esmon, C.T., Harris, K.W., Esmon, N.L., Nixon, R.N., DeBault, L.E.
The roles of cellular receptors in the activation of protein C and the expression of activated protein C anticoagulant activity.
Thrombos. Haemostas. 50, 419 (1983)

23. Esmon, N.L., Owen, W.G., Esmon, C.T.
Isolation of a membrane-bound cofactor for thrombin-catalyzed activation of protein C.
J. Biol. Chem. 257, 859 - 864 (1982)

24. Esmon, N.L., DeBault, L.E., Esmon, C.T.
Proteolytic formation and properties of gamma-carboxyglutamic acid-domainless protein C.
J. Biol. Chem. 258, 5548 - 5553 (1983)

25. Johnson, A.E., Esmon, N.L., Laue, T.M., Esmon, C.T.
Structural changes required for activation of protein C induced by Ca^{2+} binding to a high affinity site that does not contain gamma-carboxyglutamic acid.
J. Biol. Chem. 258, 5554 - 5560 (1983)

26. Marlar, R.A., Kleiss, A.J., Griffin, J.H.
Mechanism of action of human activated protein C, a thrombin-dependent anticoagulant enzyme.
Blood 59, 1067 - 1072 (1982)

27. Walker, F.J., Sexton, P.W., Esmon, C.T.
The inhibition of blood coagulation by activated protein C through the selective inactivation of activated factor V.
Biochim. Biophys. Acta 571, 333 - 342 (1979)

28. Suzuki, K., Stenflo, J., Dahlbäck, B., Teodorsson, B.
Inactivation of human coagulation factor V by activated protein C.
J. Biol. Chem. 258, 1914 - 1920 (1983)

29. DiScipio, R.G., Davie, E.W.
Characterization of protein S, a gamma-carboxyglutamic acid containing protein from bovine and human plasma.
Biochemistry 18, 899 - 904 (1979)

30. Walker, F.J.
Regulation of activated protein C by a new protein. A possible function for bovine protein S.
J. Biol. Chem. 255, 5521 - 5524 (1980)

31. Stenflo, J., Jonsson, M.
Protein S, a new vitamin K-dependent protein from bovine plasma.
FEBS Lett. 101, 377 - 381 (1979)

32. Walker, F.J.
Biochemistry of protein S and its role in the regulation of the anticoagulant activity of activated protein C.
in: Protein C, Biochemical and Medical Aspects
(I. Witt, ed.), Walter de Gruyter, Berlin, New York,
S. 19 - 28 (1985)

33. Walker, F.J.
Regulation of activated protein C by protein S: The role of phospholipid in factor Va inactivation.
J. Biol. Chem. 256, 11128 - 11131 (1981)

34. Walker, F.J.
Protein S and the regulation of activated protein C.
Semin. Thromb. Hemost. 10, 131 - 138 (1984)

35. Walker, F.J.
Regulation of bovine activated protein C by protein S: The role of the cofactor protein in species specificity.
Thromb. Res. 22, 321 - 327 (1981)

36. Dahlbäck, B., Stenflo, J.
High molecular weight complex in human plasma between vitamin K-dependent protein S and complement C4 b-binding protein.
Proc. Natl. Acad. Sci. USA 78, 2512 - 2516 (1981)

37. Marlar, R.A., Griffin, J.H.
Deficiency of protein C inhibitor in combined factor V/VIII deficiency disease.
J. Clin. Invest. 66, 1186 - 1189 (1980)

38. Suzuki, K.
Activated protein C inhibitor.
Semin. Thromb. Hemost. 10, 154 - 161 (1984)

39. Suzuki, K., Nishioka, J., Hashimoto, S.
Protein C inhibitor purification from human plasma and characterization.
J. Biol. Chem. 258, 163 - 168 (1983)

40. Suzuki, K., Nishioka, J., Kusumoto, H., Hashimoto, S.
Mechanism of inhibition of activated protein C by protein C inhibitor.
J. Biochem. 95, 187 - 195 (1984)

41. Suzuki, K.
Biochemistry and physiology of protein C inhibitor
in: Protein C, Biochemical and Medical Aspects
(I. Witt, ed.), Walter de Gruyter, Berlin, New York,
S. 43 - 58 (1985)

42. Zolton, R.P., Seegers, W.H.
Autoprothrombin II-A: Thrombin removal and mechanism of induction of fibrinolysis.
Thromb. Res. 3, 23 - 33 (1973)

43. Comp, P.C.
Animal studies of protein C physiology.
Semin. Thromb. Hemost. 10, 149 - 153 (1984)

44. Comp, P.C., Esmon, C.T.
Generation of fibrinolytic activity by infusion of activated protein C in dogs.
J. Clin. Invest. 68, 1221 - 1228 (1981)

45. Comp, P.C., Jacocks, R.M., Rubenstein, C., Radcliffe, R.
A lysine-adsorbable plasminogen activator is elevated in conditions associated with increased fibrinolytic activity.
J. Lab. Clin. Med. 97, 637 - 645 (1981)

46. Schwarz, H.P., Griffin, J.H.
Mechanism of action of protein C.
in: Protein C, Biochemical and Medical Aspects
(I. Witt, ed.), Walter de Gruyter, Berlin, New York,
S. 5 - 18 (1985)

PROTEIN C-BESTIMMUNG MIT EINEM ENZYMIMMUNOASSAY

Jean Amiral, Catherine Boyer, Chantal Rothschild and Martine Wolf

Lab. Diagnostica Stago
95130 Francoville, France
Lab. Central d'Hématologie, Hopital de Kremlin Bicêtre
94270 Le Kremlin Bicêtre, France

EINLEITUNG

Protein C ist ein gerinnungshemmendes Protein, dessen Hauptbedeutung in der Regulierung der Blutgerinnung in vivo liegt. In seiner aktivierten Form inaktiviert es die Faktoren Va und VIIIa (1, 2). Die Protein C-Bestimmung erlaubt die Diagnose eines angeborenen oder erworbenen Mangels. Es hat sich gezeigt, daß niedrige Protein C-Spiegel häufig mit rezidivierenden Thrombosen einhergehen (3, 4). Da es heute möglich ist, Protein C in gereinigter Form darzustellen (5, 6), können spezifische Antikörper gewonnen und für immunologische Bestimmungen eingesetzt werden. Wegen der geringen Protein C-Konzentration in menschlichem Blut (3-5 ug/ml), müssen sehr empfindliche Bestimmungsmethoden verwendet werden. Zu diesem Zweck wurden Kaninchen mit humanem Protein C immunisiert und die aus dem Kaninchenserum gewonnenen Antikörper für die immunologische Bestimmung verwendet. Zwei Bestimmungsmethoden wurden getestet und für die routinemäßige klinische Anwendung für gut befunden: die Laurell-Methode (Elektroimmundiffusion), die für diese Anwendung bereits von anderen beschrieben wurde (4, 7, 8) und eine neue ELISA-Bestimmung (Enzyme Linked Immuno Sorbent Assay) (9). Mit der letzteren Methode wird eine gute Empfindlichkeit und eine niedrige Erfassungsgrenze erreicht.

Protein C

Reinigung von humanem Protein C

Humanes Protein C wurde aus 12 l normalem humanem Citratplasma, das bis zur Verwendung in gefrorenem Zustand aufbewahrt wurde, aufbereitet. Nach dem Auftauen bei 37 °C wurde das Plasma mit Protease-Inhibitoren versetzt, um die Aktivierung der Gerinnungsfaktoren zu verhindern. Danach wurde das Plasma auf 4 °C abgekühlt. Für die Aufbereitung wurde das von Kisiel (6) beschriebene Verfahren mit einigen kleinen Modifikationen angewendet. Unter ständigem Rühren wurde Bariumcitrat hinzugefügt. Der Prothrombinkomplex wurde an dem sich bildenden unlöslichen Bariumcitratpräzipitat adsorbiert. Dieses Präzipitat wurde durch Zentrifugation abgetrennt und danach intensiv ausgewaschen. Die Ablösung des Proteins wurde mit Ammoniumsulfat erreicht. Das Eluat wurde mit einem Gradienten an Ammoniumsulfat fraktioniert. Der Prothrombinkomplex wurde mit der 40 - 70 % Fraktion gefällt. Die Entsalzung erfolgte dann durch Gelfiltration auf einer Säule von Sephadex G 25 (Pharmacia, Schweden). Die Äquilibrierung erfolgte mit dem im nächsten Schritt verwendeten Ausgangspuffer. Der Prothrombinkomplex wurde an DEAE Sephacel chromatographiert. Die Elution wurde mit einem Natriumchlorid-Gradienten von 0,2 - 0,6 M in Phosphatpuffer (0.05 M) bei pH 6,0 durchgeführt. Der erste nach Beginn des Gradienten gesammelte Peak war Faktor VII. Protein C eluierte bei ungefähr 0,3 M, wohingegen Protein S, Faktor X, Faktor IX und Prothrombin mit höheren Salzkonzentrationen eluiert wurden. Die weitere Reinigung von Protein C wurde mit einer Affinitätschromatographie an Dextransulfatagarose (10) in einem Citratpuffer bei pH 6,0 durchgeführt. Die Elution erfolgte mit einem Natriumchloridgradienten. Protein C eluierte bei 0,15 M. Wenn nötig, wurden die letzten zwei Schritte wiederholt. Da Prothrombin und Faktor X die hauptsächlich meßbaren Verunreinigungen waren, wurden nacheinander eine Immunadsorption auf einer Anti-Faktor X-Agarosesäule und einer Anti-Prothrombin-Agarosesäule durchgeführt.

Das Endprodukt wurde überprüft und es fanden sich keine nachweisbaren Antigenmengen der Faktoren VII, II, IX oder X, wohingegen

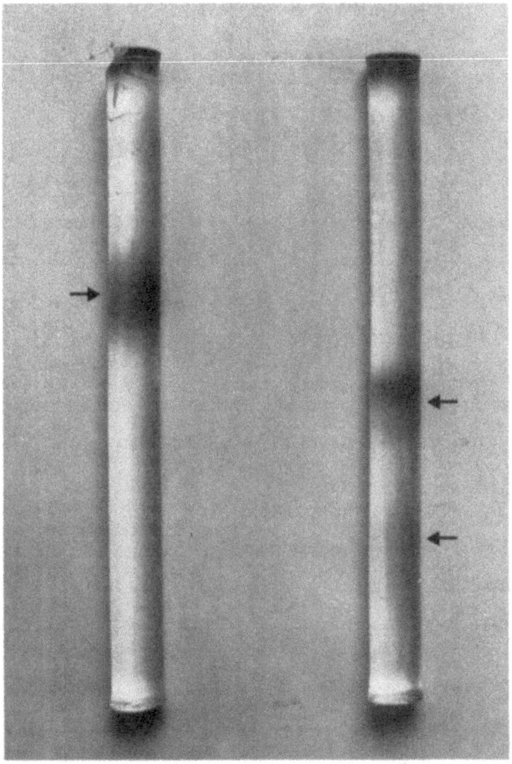

Abb. 1: SDS-PAGE des gereinigten Protein C. Links nicht-reduziertes Gel und rechts reduziertes Gel.

die Protein C-Konzentration bei ungefähr 0,100 mg/ml, entsprechend der Adsorption bei 280 nm ($E_{1\%}^{1cm}$ = 14,5 (6)), lag, oder bei 25 U/ml im Vergleich zu einem normalen Plasmapool (1 U/ml). Dieses Produkt zeigte bei der SDS-Polyacrylamid-Gelelektrophorese mit oder ohne Reduktion das klassische Muster: nur eine Bande entsprach einem Mr. von 62 000 Dalton für nicht-reduziertes Gel und zwei Banden entsprachen einem Mr. von 41 000 bzw. 21 000 Dalton, entsprechend den schweren und leichten Protein C-Ketten (Abb. 1).

Im allgemeinen wurden ungefähr 5 mg Protein C erhalten. Dieses Protein wurde zur Immunisierung von Kaninchen nach den üblichen Verfahren (11) verwendet.

Gewinnung der spezifischen Antikörper

Kaninchen wurden durch wiederholte Immunisierung mit reinem Protein C in den hyperimmunen Zustand gebracht. Normalerweise war dieser Zustand drei Monate nach Immunisierungsbeginn erreicht. Den Kaninchen wurde dann über einen Zeitraum von einem Jahr alle zwei Wochen Blut abgenommen. Alle in diesem Zeitraum gesammelten Seren wurden gepoolt und auf ihre Reaktivität mit Protein C hin überprüft. Gewöhnlich war ein Adsorptionsschritt notwendig, um geringste Mengen unspezifischer Antikörper zu entfernen. Dies geschah durch Festphasenadsorption unter Verwendung einer Agaroseperlensäule, an der die einzelnen Fraktionen, die man während der Aufbereitung erhielt, ausgenommen Protein C, kovalent gebunden wurden (12).

Die Spezifität des Antiserums wurde überprüft unter Verwendung der Doppeldiffusionsmethode nach Ouchterlony, bei der das Antiserum gegen normales Humanplasma und gegen reines Protein C diffundiert. Außerdem wurden die Immunelektrophorese und die zweidimensionale Elektrophorese (13, 14) mit normalem Humanplasma oder Protein C-Mangelplasma (gewonnen durch Festphasenimmunadsorption) verwendet. In allen Fällen wurde eine Präzipitationslinie nur mit dem Normalplasma erhalten, wohingegen mit dem Mangelplasma keine Immunpräzipitation beobachtet wurde. Das Mangelplasma stammte aus zwei verschiedenen Quellen; ein Plasma wurde uns freundlicherweise von Dr. Bertina (Leiden, Niederlande) zur Verfügung gestellt, das andere Plasma wurde im eigenen Laboratorium gewonnen. Bei Inkubation mit normalem Humanplasma zeigte dieses Antiserum keine inhibitorische Wirkung auf die Aktivität der Faktoren II, VII, IX und X.

Die zweidimensionale Elektrophorese stellte sich als die empfindlichste Methode zur Spezifizitätskontrolle heraus, wenn im zweiten Wanderungsschritt ansteigende Mengen von Antiseren (bis zu 20 %) angewendet wurden. Dies resultierte in einem beträchtlichen Anstieg der Empfindlichkeit des Nachweises von Verunreinigungen (Abb. 2).

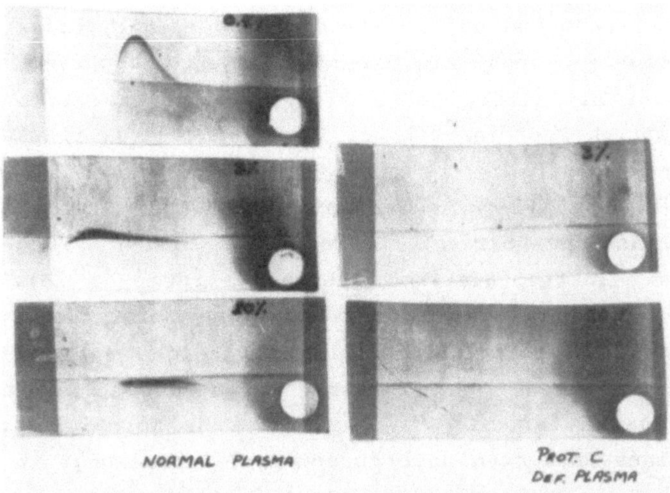

Abb. 2: Kontrolle der Spezifität von Anti-Protein C-Kaninchenserum unter Verwendung der zweidimensionalen Elektrophorese. Normales Humanplasma zeigt immer nur eine Präzipitationslinie, wohingegen Mangelplasma keine Immunpräzipitation zeigt.

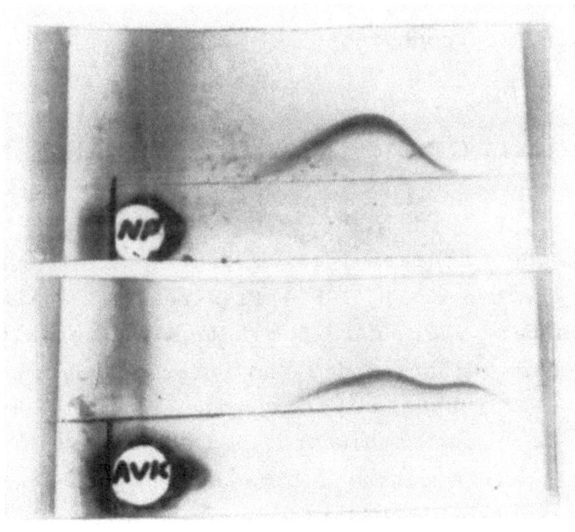

Abb. 3: Zweidimensionale Elektrophorese von Protein C in Gegenwart von Ca^{++}. Das untersuchte Material ist normales Humanplasma und Plasma eines mit Dicoumarol behandelten Patienten.

Das zur Antikörpergewinnung verwendete Verfahren (langer Immunisierungszeitraum und poolen aller über diesen hyperimmunen Zeitraum gewonnenen Seren) lieferte Antikörper mit guten Charakteristika: hohe Affinität, hoher Titer, gute Reaktivität gegenüber der kompletten Proteinstruktur. Dieses Antiserum reagiert sowohl mit dem normalen Protein C als auch mit der hypo- oder der acarboxylierten Form, wie sie bei Patienten unter oraler Antikoagulantienbehandlung vorliegt. Beide Formen können in Gegenwart von Ca^{++}-Ionen elektrophoretisch getrennt werden (9, 15). Das normale Protein C bindet die Ca^{++}-Ionen und zeigt eine verzögerte Wanderungsgeschwindigkeit. Abbildung 3 zeigt eine zweidimensionale Elektrophorese von Protein C in Gegenwart von Ca^{++}-Ionen bei der ersten Wanderung. Verwendet wurde Normalplasma und das Plasma eines Patienten unter Dicoumarol-Behandlung. In letzterem Falle waren beide Formen von Protein C vorhanden.

Das gewonnene spezifische Antiserum wurde für mehrere immunologische Bestimmungsmethoden verwendet:

- Laurell-Methode
- Zweidimensionale Elektrophorese
- ELISA-Bestimmung

Bestimmung von Protein C mit der Laurell'schen Methode

Trotz der niedrigen Plasmakonzentration von Protein C konnte die Laurell'sche Methode (13) erfolgreich angewandt werden. Verwendet wird 1 %ige Agarose A 37 (IBF - Frankreich) in einem Tris-Glycin-Barbitalpuffer (16) der 5 mM Na_2EDTA enthält. Dieses chelatbildende Agens ist notwendig, um Unterschiede in der elektrophoretischen Wanderungsgeschwindigkeit aufgrund einer Wechselwirkung mit Ca^{++} zu verhindern (besonders wenn der Protein C-Spiegel bei mit Dicoumarol behandelten Patienten bestimmt werden soll). Anti-Protein C-Kaninchenserum (ASSERA Protein C) wird in einer 0,3 %igen Konzentration verwendet. 15 µl einer Verdünnungsreihe 1/1 - 1/8 von Calibrationsplasma oder zu untersuchender Plasmen werden in Vertiefungen mit 4 mm Durchmesser

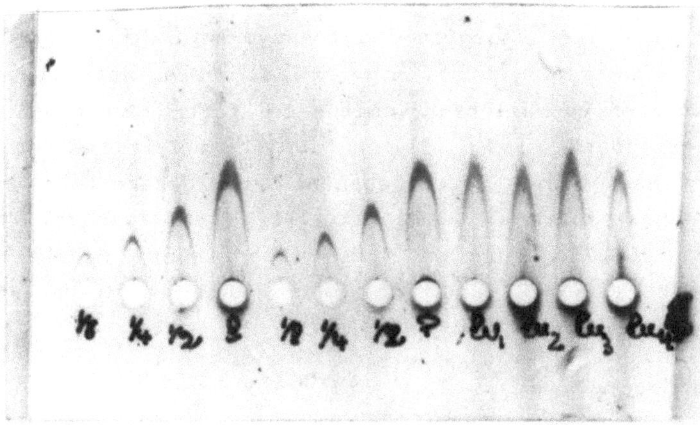

Abb. 4: Laurell'sche Bestimmung von Protein C

gegeben. Die Elektrophorese läuft über 16-20 Stunden bei 1,5 bis 2 mA/cm. Die Platten werden gewaschen, getrocknet und mit Coomassie Brillantblau R 250 angefärbt. Gewöhnlich erzeugt ein Normalplasma einen Gipfel von 20 bis 25 mm Höhe.
Mit dieser Methode können nur Protein C-Konzentrationen über 10 - 15 % genau gemessen werden. Diese Technik ist jedoch angebracht für kleine Serien und reicht aus, um einen Protein C-Mangel nachzuweisen. Ein gebrauchsfertiger Kit, ASSERA-PLATE Protein C, ist gut einsetzbar für die Routinebestimmung.

ELISA Sandwich-Methode zur Bestimmung von Protein C

Die ELISA Sandwich-Methode wurde angewendet, um makromolekulare Antigene mit hoher Empfindlichkeit zu messen (Antigene mit wenigstens zwei verschiedenen und örtlich getrennten Determinanten)

(17, 18). Aus dem spezifischen Antiserum müssen die reinen Antikörper gewonnen werden; sie werden entweder für die Beschichtung verwendet oder zur Herstellung des Enzym-Antikörperkonjugats. Um die Träger zu beschichten, sind $F(ab')_2$-Fragmente den ganzen Immunglobulinen vorzuziehen, womit eine Störung durch den Rheumafaktor verhindert wird (19). Anti-Protein C-Antikörper werden nach der von Nakane beschriebenen Peroxidasemethode markiert (10). Die Reagenzien sind stabilisiert, standardisiert und lyophilisiert. ELISA Protein C Kits (Boehringer Mannheim) und ASSERACHROM PROTEIN C sind für diese ELISA-Bestimmung von Protein C im Handel erhältlich.

Die Bestimmung wird in folgenden Schritten durchgeführt:

- Beschichtung eines Solid-Phase-Trägers (ELISA-Platte aus Polystyrol) mit für Protein C spezifischen $F(ab')_2$-Fragmenten (über Nacht bei Raumtemperatur), danach waschen.

- Die Verdünnungsstufen von Calibrationsplasma bzw. die zu untersuchenden Proben werden zugegeben und 2 Stunden bei Raumtemperatur inkubiert, dann gewaschen.

- Konjugat wird im Überschuß zugegeben, Inkubation 2 Stunden bei Raumtemperatur, danach waschen.

- Zugabe von Ortho-phenylendiamin mit Hydrogenperoxid. Nach 3 Minuten stoppen der Farbentwicklung durch Zugabe von 3 M Schwefelsäure.

- Ablesen der Extinktion bei 492 nm.

Man erhält eine Bezugskurve, die einen großen Konzentrationsbereich umfaßt (von der 1/50 bis zur 1/5000 Verdünnung des Normalplasmas). Es wird empfohlen, die Kurve auf doppelt-logarithmisches Papier aufzuzeichnen (Abb. 5).

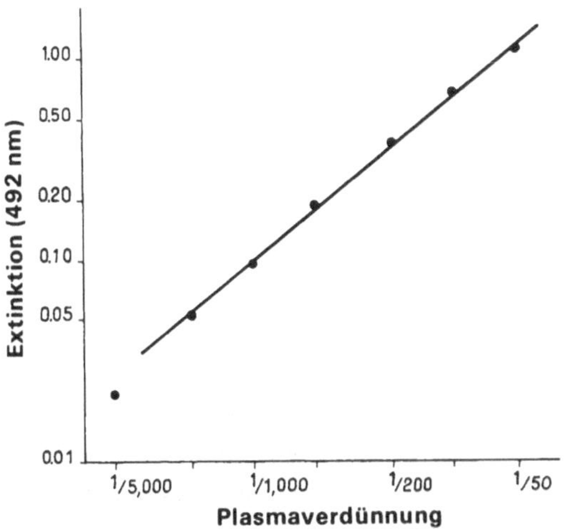

Abb. 5: Bezugskurve für die Kalibration der Messung von Protein C mit der ELISA-Methode

Da die ELISA-Methode weit empfindlicher als alle Gelpräzipitationsmethoden ist (die Erfassungsgrenze liegt im ng/ml-Bereich verglichen mit den Grenzen der Gelpräzipitationen im 1 bis 10^{-1} µg/ml-Bereich), mußte die Empfindlichkeit des Tests noch einmal überprüft werden. Zu diesem Zweck wurden von den zuvor beschriebenen Mangelplasmen die Verdünnungen 1:5, 1:20 und 1:50 eingesetzt. Sogar die 1:5 Verdünnung ergibt eine annähernd gleiche Extinktion wie die des Pufferleerwertes und eine niedrigere Extinktion als die, welche der 1:5000 Verdünnung des Normalplasmas entspricht. Daher kann eine Störung durch andere Plasmaproteine bei diesem Test mit einer hohen Spezifität für Human-Protein C ausgeschlossen werden.

Diese ELISA-Methode hat einige bedeutende Vorteile. Sie kann innerhalb von 5 Stunden durchgeführt werden. Sie hat eine niedrige Erfassungsgrenze (0.0002 U/ml Protein C in einer Untersuchungsprobe, das entspricht 1 ng/ml). Sie hat eine gute Präzision (in der Serie liegt der VK bei 3 - 7 % und von Serie zu Serie bei 4 - 9 %, abhängig von der Protein C-Konzentration).

Weiterhin bestehen gute Automatisierungsmöglichkeiten. Die Methode eignet sich daher für große Serien.

Tabelle 1 zeigt einen Vergleich der Bestimmungsmerkmale der ELISA- Methode und der Laurell'schen Methode.

Vergleich zwischen der Laurell'schen und der ELISA-Methode

Protein C wurde in verschiedenen Gruppen von Plasmen mit beiden Methoden bestimmt. Bei der Probennahme wurde 0,11 M Citrat vorgelegt (1 Vol. pro 9 Vol. Vollblut), das Plasma wurde durch Zentrifugation bei 3000 rpm über 15 Minuten gewonnen und bis zur Verwendung eingefroren aufbewahrt. Das Referenzplasma bestand aus einem Pool von 20 Normalplasmen, der in kleinen Portionen eingefroren aufbewahrt wurde. Die untersuchten Plasmen stammten von:

- 40 normalen Individuen (ausgewählt auf Grund einer normalen Hämostase und Fehlen von sonstigen Erkrankungen)

- 14 Probanden mit angeborenem Protein C-Mangel (freundlicherweise zur Verfügung gestellt von Dr. R. Bertina, Leiden, Niederlande, Dr. M. Samama, Paris, Frankreich und Dr. J. P. Cazenave, Straßburg, Frankreich)

- 40 mit Dicoumarol behandelten Patienten

- 15 durch Biopsie nachgewiesener, an Leberzirrhose leidender Patienten

In Tabelle 2 werden die mit der ELISA- und der Laurell'schen Methode erhaltenen Protein C-Antigenspiegel und die Korrelationskoeffizienten verglichen. Bei allen Gruppen wurde eine gute Korrelation gefunden (Abb. 6).

Tabelle 1: Vergleich der Bestimmungsmerkmale der ELISA- und der Laurell'schen Methode für Protein C.

	ELISA	LAURELL
Erfassungsgrenze	0,0002 U/ml (0,02 %)	0,1 U/ML (10 %)
Präzision: VK	3 bis 9 %	5 bis 10 %
Testdauer	5 h	24 h
Automation	gute Möglichkeiten	keine
Ausstattung	Photometer (492 nm) Waschgerät f. Mikroplatten Mehrkanalpipette	Gleichstrom-Netzgerät f.d. Elektrophorese Elektrophoresekammer

Tabelle 2: Protein C-Bestimmung mit ELISA und EID in normalen und pathologischen Plasmen.

Plasmen	N	ELISA	EID	r*
Normale	40	91,3 ± 17,1	90,8 ± 18,7	0,93
Angeborener Mangel	13 1	41,2 ± 8,1 9	37,1 ± 9,3 13	0,89 -
Leberzirrhose	15	18,9 ± 6,3	18,4 ± 4,6	0,97
mit Dicoumarol beh. Patienten	40	44,1 ± 15,4	44,8 ± 16,2	0,92

* Korrelationskoeffizient: ELISA/Laurell.

Daraus ergibt sich die Schlußfolgerung, daß es für die verschiedenen Plasmengruppen keine bevorzugte Bestimmungsmethode gibt und daß beide Methoden ähnliche Ergebnisse für die Protein C-Bestimmung liefern.

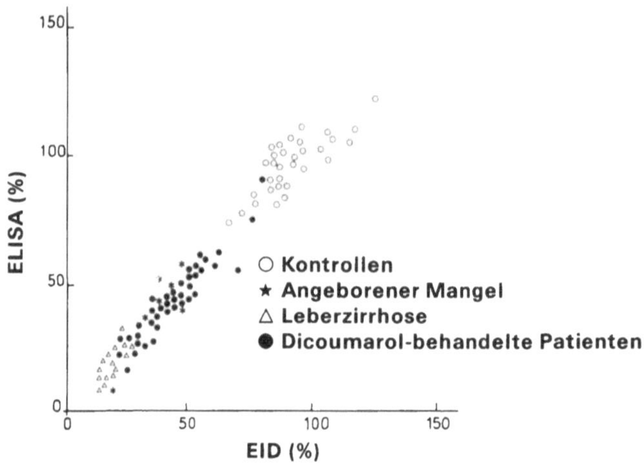

Abb. 6: Korrelation der mit ELISA und EID erhaltenen Protein C-Spiegel.

SCHLUSSFOLGERUNG

Seit es offensichtlich ist, daß das Protein C-System eine Hauptrolle in der Antikoagulation spielt, ist es notwendig geworden, über praktikable Methoden für die klinische Laboratoriumsuntersuchung zu verfügen. Es wäre interessant, einen Globaltest zur Untersuchung des gesamten Systems einsetzen zu können. Rezidivierende Thrombosen können theoretisch aus verschiedenen Defekten resultieren: Mangel an klassischen Inhibitoren (AT III...), Mangel im Protein C-System (Protein C, Protein S, Thrombomodulin, ...), Mangel im fibrinolytischen System (Plasminogen, Gewebsplasminogenaktivator, ...). Nur einige dieser Gerinnungsfaktoren werden in praxi untersucht (AT III, Plasminogen, Fibrinolyse). Die Protein C-Bestimmung kann auf einige ungeklärte pathologische Geschehen eine Antwort geben. Von klinischer Bedeutung sind hierbei immunologische Tests. Bei der Bestimmung der Protein C-Aktivität wurden kürzlich von einigen Autoren funktionelle Defekte beschrieben (21, 22, 23, 24). Diese Bestimmungsmethoden sind jedoch nicht voll standardisiert, und abhängig von dem verwendeten Meßprinzip wird das Protein C-System mehr oder weniger vollständig erfaßt (Bertina in dieser Ausgabe). Es gibt verschiedene Anwendungsgebiete für die ELISA- und die Laurell'sche Methode zur Protein C-Bestimmung. Neben der Diagnose von angeborenen Defekten können erworbene Protein C-Mangelzustände untersucht werden (7). Bei der oralen Antikoagulantientherapie fällt Protein C (wie Faktor VII), das eine kurze biologische Halbwertszeit hat, schneller als die anderen Faktoren ab (Faktor II, IX, X) (9, 15). Zu Beginn der oralen Antikoagulantientherapie induziert der Protein C-Abfall einen vorübergehenden thrombophilen Zustand. Weiterhin gibt es eine schlechte oder keine Korrelation zwischen den Veränderungen der verschiedenen Vitamin K-abhängigen Faktoren. In extremen Fällen können hohe Spiegel von prokoagulatorischen Faktoren und niedrige Spiegel von Protein C und vice versa gefunden werden. Es kann angenommen werden, daß die Bestimmung von Protein C bei der oralen Antikoagulantientherapie einen hilfreichen Hinweis zum Schutz des thrombosegefährdeten Patienten darstellt. Im Gerinnungslabor ist es wichtig, mit praktikablen Methoden zu arbeiten. Da die ELISA und die Laurell'sche Methode jetzt im Handel erhältlich sind, können sie für die routinemäßige Verwendung eingeführt werden. Die Methodenwahl wird abhängen von der Serienlänge, dem Vorhandensein der speziellen Ausrüstung und der geforderten Testempfindlichkeit. Dieser neue Parameter, Protein C, kann in die klinischen Routinelaboratorien mit reproduzierbaren und standardisierten Methoden eingeführt werden.

LITERATUR

1. Marlar, R.A., Kleiss, A.J., Griffin, J.H.: Ann. N. Y. Acad. Sci. 370, 303-310 (1981).

2. Nesheim, M.E., Canfield, W.M., Kisiel, W., Mann, K.G.: J. Biol. Chem. 257, 1443-1447 (1982).

3. Griffin, J.H., Evatt, B., Zimmerman, T.S., Kleiss, A.J.: J. Clin. Invest. 68, 1370-1373 (1981).

4. Bertina, R.M., Broekmans, A.W., Van der Linden, I.K., Mertens, K.: Thromb. Haemostas. 48, 1-5 (1982).

5. Stenflo, J.: J. Biol. Chem. 251, 355-363 (1976).

6. Kisiel, W., Canfield, W.M., Ericsson, L.H., Davie, E.W.: Biochemistry, 16, 5824-5831 (1977).

7. Mannucci, P.M., Vigano, S.: Lancet, Aug. 28, 463-467 (1982).

8. Pabinger-Fasching, I., Bertina, R.M., Lechner, K., Niessner, H., Korninger, Ch.: Thromb. Haemostas. 50, 810-813 (1983).

9. Boyer, C., Rothschild, C., Wolf, M., Amiral, J., Meyer, D., Larrieu, M.J.: Thromb. Res. 36, 579 - 589 (1984).

10. Pepper, D.S., Prowse, C.: Thromb. Res. 11, 687-692 (1977).

11. Harboe, N., Ingild, A.: Scand. J. Imm. 2, Suppl. 1, 161-164 (1973).

12. March, S.C., Parikh, I., Cuatrecasas, P.: Anal. Biochem. 60, 149-152 (1974).

13. Laurell, C.B.: Anal. Biochem. 15, 45-52 (1966)

14. Ganrot, P.O.: Scand. J. Clin. Lab. Invest. 29, Suppl. 124, 39-41 (1972).

15. Vigano, S., Mannucci, P.M., Solinas, S., Bottasso, B., Mariani, G.: Brit. J. Haemat. 57, 213-220 (1984).

16. Weeke, B.: Scand. J. Imm. 2, Suppl. 1, 15-35 (1973).

17. Engvall, E., Perlmann, P.: J. Immunol. 109, 129-135 (1972).

18. Avrameas, S., Guilbert, B.: Biochimie 54, 837-842 (1972).

19. Hagenaars, A.M., Knipers, A.W., Nagel, J.: Dev. Clin. Biochem. 1, 209-215 (1979).

20. Nakane, P.K., Kawaoi, A.: J. Histochem. Cytochem. 22, 1084-1091 (1974).

21. Francis, R.B., Patch, M.J.: Thromb. Res. 32, 605-613 (1983).

22. Bertina, R.M., Broekmans, A.W., Krommenhoek-van, Es,C., Van Wijngaarden, A.: Thromb. Haemostas. 51, 1-5 (1984).

23. Comp, P.C., Nixon, R.R., Esmon, C.T.: Blood 63, 15-21 (1984).

24. Sala, N., Owen, W.G., Collen, D.: Blood 63, 671-675 (1984).

FUNKTIONELLE BESTIMMUNGSMETHODEN FÜR PROTEIN C IN PLASMA

Rogier M. Bertina und André W. Broekmans

Haemostasis and Thrombosis Research Unit, University Hospital
Leiden, The Netherlands

EINLEITUNG

Im letzten Jahr sind 4 verschiedene Methoden für die Bestimmung von Protein C im Plasma beschrieben worden (1-6). Alle diese Methoden unterscheiden sich hinsichtlich der funktionellen Aspekte von Protein C, die damit erfaßt werden (Tab. 1). Für die Entwicklung und Bewertung dieser Methoden ist es wichtig, sich vor Augen zu halten, für welchen Zweck Protein C-Aktivitätsmessungen angewendet werden. Im allgemeinen wird dies der Fall sein, wenn man erwarten kann, daß der Protein C-Antigenspiegel weniger aussagekräftig ist. Dazu zählt die Untersuchung von Patienten auf angeborenen Protein C-Mangel vom Typ II (Heterozygote für ein abnormales Protein C-Molekül) oder die Untersuchung von Patienten mit DIC oder ähnlichen Störungen, wo der Umsatz von Protein C zum Auftreten signifikanter Konzentrationen von APC-Protein C-Inhibitor-Komplexen führen kann. Für die Praxis bedeutet dies, daß die Behandlung von Patienten mit oralen Antikoagulantien oder Heparin nicht zu einer Fehlinterpretation der Ergebnisse der Protein C-Aktivitätsbestimmung führen sollte. In den folgenden Abschnitten werden wir kurz die Charakteristika der bisher beschriebenen unterschiedlichen Protein C-Aktivitätsbestimmungsmethoden diskutieren und dann einige Beispiele von Situationen geben, wo eine Diskrepanz zwischen Protein C-Aktivität und Protein C-Antigen beobachtet werden kann.

Tabelle 1. Funktionelle Eigenschaften von Protein C, wie sie mit den verschiedenen Protein C-Aktivitätsmethoden bestimmt werden.

	Francis & Patch (1)	Bertina et al. (6)	Sala et al. (4)	Comp et al. (2)
Ca^{2+}-Bindung	+	+	+	-
Spaltung durch Thrombin	+	+	+	+
Affinität für Thrombin	?	+	-	-
Affinität für Thrombomodulin	-	-	+	+
Affinität für Protein S	+	-	-	-
Vorhandensein des aktiven Zentrums	+	+	+	+
Aktivität gegen				
- Faktor Va	+	-	-	-
- Faktor VIIIa	+	-	-	-
Profibrinolytische Wirkungen	-	-	-	-

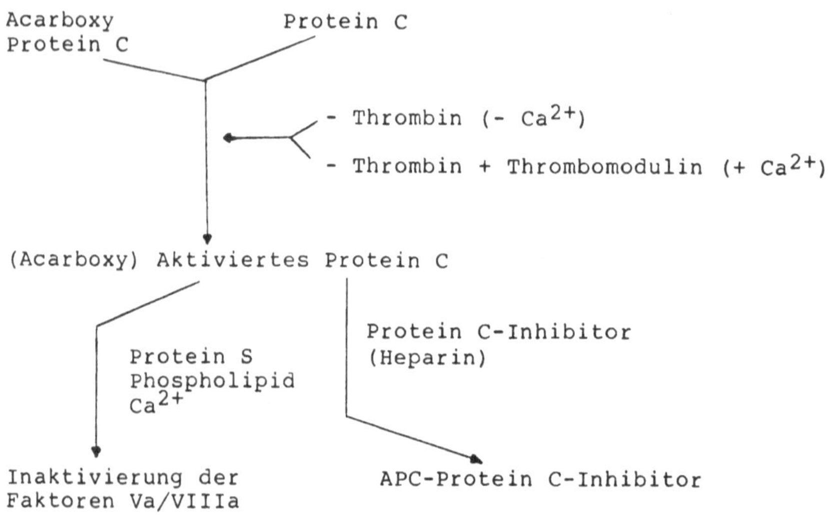

Abb. 1. Funktionelle Aspekte von Protein C

Bestimmung der Protein C-Aktivität in Plasma

Abb. 1 zeigt schematisch die verschiedenen funktionellen Aspekte von Protein C, die von Bedeutung für die Entwicklung einer Bestimmungsmethode zur Messung der Protein C-Aktivität sind. Wichtige Gesichtspunkte sind: die Bindung von Kalziumionen, die Spaltung durch Thrombin, die Affinität zu Thrombin und Thrombomodulin, die Affinität von aktiviertem Protein C zu Protein S, die Gegenwart eines intakten aktiven Zentrums und die Reaktivität von aktiviertem Protein C gegenüber den Faktoren Va und VIIIa. Darüber hinaus sollte man sich im klaren sein, daß Acarboxy-Protein C oder Heparin gegenwärtig sein könnte und daß es einen spezifischen Inhibitor für aktiviertes Protein C im Plasma gibt (7).

Bestimmungsmethode für die Protein C-Aktivität nach Francis und Patch. Die verschiedenen Schritte der Aktivitätsbestimmung von Protein C nach Francis und Patch (1) sind in Tab. 2 aufgelistet. Protein C wird von Acarboxy-Protein C und dem Protein C-Inhibitor über eine Bariumcitrat-Adsorption und -Elution abgetrennt; nach einem Verdünnungsschritt wird das Eluat mit Thrombin aktiviert (keine komplette Aktivierung), und danach wird das Thrombin mit Antithrombin III und Heparin neutralisiert; anschließend wird das Heparin mit Protaminsulfat neutralisiert.

Tabelle 2 Bestimmungsmethode für Protein C nach Francis und Patch (1)

- Plasma
- Bariumcitrat-Adsorption und -Elution (0,2 M MES, 0,15 M Citrat, pH 6,0)
- Aktivierung mit Thrombin (partiell)
- Neutralisation von Thrombin mit Antithrombin III und Heparin
- Neutralisation von Heparin mit Protaminsulfat
- Bestimmung von APC (Gerinnungsmethode)

Die Konzentration von aktiviertem Protein C in der Probe wird bestimmt durch einen Vergleich mit Verdünnungsstufen eines in gleicher Weise behandelten Normalplasmapools mit einer Gerinnungsmethode für aktiviertes Protein C. Die Vorteile dieser Methode bestehen darin, daß sie viele der funktionellen Aspekte von Protein C (Tab. 1) erfaßt und daß sie keine teuren oder schwer erhältlichen Reagenzien erfordert. Nachteilig sind die geringe Sensitivität der Methode bei geringen Protein C-Konzentrationen und die begrenzte Erprobung ihrer Anwendbarkeit auf Patientenplasmen (Patienten mit DIC, Lebererkrankungen oder unter oralen Antikoagulantien).

Bestimmung der Protein C-Aktivität nach Sala, Owen und Collen.
In Tab. 3 sind die verschiedenen Schritte aufgelistet, die die Bestimmungsmethode für aktiviertes Protein C von Sala et al. (4) umfaßt. Nach einer ersten Adsorption mit Bariumcitrat wird das Eluat mit PEG-6000 (um das EDTA zu entfernen) behandelt und anschließend mit Thrombin-Thrombomodulin aktiviert (komplette Aktivierung).

Tabelle 3 Bestimmungsmethode für die Protein C-Aktivität nach Sala, Owen und Collen (4)

- Plasma
- Bariumcitrat-Adsorption und -Elution (0,1 M EDTA, pH 6,0)
- Entfernung von EDTA (PEG-6000 Fällung)
- Aktivierung mit Thrombin-Thrombomodulin
- Neutralisation des Thrombins mit Antithrombin III und Heparin
- Bestimmung von APC (amidolytische Methode, S-2266)

Nach der Neutralisation des Thrombins mit Antithrombin III und Heparin wird das aktivierte Protein C im Eluat mit einer amidolytischen Methode mit S-2266 bestimmt. Für die Erstellung einer Bezugskurve werden Verdünnungen eines Normalplasmapools mit Protein C-Mangelplasma verwendet.

Mit dieser Methode erfaßt man weniger funktionelle Eigenschaften von Protein C als mit der Methode, die von Francis und Patch (Tab. 1) beschrieben wurde. Jedoch erfaßt sie als wichtigen Parameter die Reaktivität des aktivierten Protein C gegenüber Thrombin-Thrombomodulin. Die Nachteile dieser Methode bestehen darin, daß sie sehr arbeitsaufwendig ist, daß Thrombomodulin erforderlich ist und daß nicht bekannt ist, ob diese Methode durch Heparin gestört wird.

Bestimmungsmethode für die Protein C-Aktivität nach Bertina, Broekmans, Krommenhoek-van Es und Van Wijngaarden. Tab. 4 faßt die verschiedenen Schritte zusammen, die für die Protein C-Aktivitätsbestimmung nach Bertina et al. (6) notwendig sind. Sie benutzen eine Aluminiumhydroxidadsorption anstelle von Bariumcitrat für die Abtrennung von Protein C von Acarboxy-Protein C und dem Protein C-Inhibitor. Das Protein C im Eluat wird aktiviert mit einer relativ hohen Thrombinkonzentration in Abwesenheit von Thrombomodulin. Unter diesen Bedingungen ist die Aktivierung von Protein C linear mit der Zeit und mit der Protein C-Konzentration (K_m von Protein C für die Aktivierung durch Thrombin sehr hoch. Siehe Literatur 8).

Tabelle 4 Protein C-Aktivitätsbestimmung nach Bertina, Broekmans, Krommenhoek van Es, Van Wijngaarden (6)

- Plasma
- $Al(OH)_3$-Adsorption und -Elution (0,25 M Natriumphosphat, pH 7,0)
- Aktivierung mit Thrombin (partiell)
- Neutralisation von Thrombin mit Antithrombin III und Heparin
- Bestimmung von APC (amidolytisch, S-2366)

Bei dieser Methode werden nur 6 % des Protein C aktiviert. Thrombin wird neutralisiert mit Antithrombin III und Heparin, und danach wird die Konzentration von aktiviertem Protein C mit einer amidolytischen Methode unter Verwendung von S-2366 bestimmt. Die Bezugskurve wird erstellt unter Verwendung von Verdünnungen eines Normalplasmapools mit Protein C-Mangelplasma. Diese Methode erfaßt nicht die Reaktivität von Protein C gegenüber dem Thrombin-Thrombomodulin-Komplex, aber sie gibt eine Information über die Affinität von Protein C gegenüber der Aktivierung durch Thrombin. Diese Methode ist sehr empfindlich auf die Anwesenheit von Heparin in sehr geringen Konzentrationen, aber dies kann man wirkungsvoll ausschalten durch vorherige Neutralisation des Heparins mit Protaminchlorid.

Bestimmung der Protein C-Aktivität nach Comp, Nixon und Esmon.
Tab. 5 faßt die verschiedenen Schritte der Bestimmungsmethode für die Protein C-Aktivität nach Comp et al. (2) zusammen. Mit einer geringfügigen Modifikation wurde diese Methode auch von Griffin benutzt (persönliche Mitteilung). Sie unterscheidet sich stark von den drei bisher beschriebenen Methoden. Kalziumchlorid und Thrombin-Thrombomodulin-Komplex werden dem Plasma zugesetzt; nach einer kurzen Inkubationszeit wird Antithrombin III zugegeben, um das Thrombin zu neutralisieren.

Tabelle 5 Bestimmungsmethode für Protein C nach Comp, Nixon und Esmon (2)

- Plasma
- Zugabe von Kalziumchlorid, Thrombin-Thrombomodulin
- Neutralisation von Thrombin mit Antithrombin III
- Immunadsorption von APC/Protein C mit Antiprotein C-IgG-Agarose
- Waschen der Immunadsorptionskugeln
- Bestimmung von APC (amidolytisch, S-2238)

Das aktivierte Protein C (komplette Aktivierung) wird aus dem Plasma durch spezifische Adsorption mit Anti-Protein C-IgG entfernt, das an DFP-behandelte Agarose gebunden ist. Nach dem Waschen der Immunadsorptionskugeln wird die APC-Aktivität (meßbar in den Immunkomplexen) mit einer amidolytischen Methode unter Verwendung von S-2238 bestimmt. Ein Nachteil dieser Methode ist, daß einige der Reagenzien nicht einmal für spezialisierte Labors leicht erhältlich sind (Thrombomodulin, Anti-Protein C-IgG, DFP). Ein Vorteil (oder Nachteil) ist, daß Acarboxy-Protein C mit dieser Methode miterfaßt wird, denn in vitro spaltet Thrombin-Thrombomodulin Protein C und Acarboxy-Protein C mit gleicher Wirksamkeit (9). Darüber hinaus ist die Methode empfindlich auf die Anwesenheit von Heparin, ein Nachteil, der sich nicht beseitigen läßt durch die vorherige Zugabe von Protaminchlorid. Die Bezugskurve wird erstellt durch die Verwendung von Verdünnungen eines Normalplasmapools in Puffer.

<u>Grundsätzliche Bemerkungen</u>. Eine Gemeinsamkeit aller vier Bestimmungsmethoden für die Protein C-Aktivität ist, daß sie nicht einfach für die Anwendung im Routinelabor geeignet sind. Das liegt teilweise daran, daß dafür spezifische, nicht einfach erhältliche Reagenzien (Thrombomodulin, Protein C-Mangelplasma, Thrombin, Antithrombin III) notwendig sind, und teilweise an der begrenzten Anzahl von Proben, die pro Tag untersucht werden können. Allgemein sind auch noch mehr Informationen über die Sensitivität dieser Bestimmungsmethoden gegenüber der Anwesenheit von Heparin erforderlich. Darüber hinaus ist zu empfehlen, noch detaillierter zu untersuchen, in welchem Umfang das Ergebnis abhängig ist von der tatsächlichen Verdünnung der Plasmaprobe (speziell bei hohen Protein C-Konzentrationen). Weiterhin scheint es sehr nützlich zu sein, ein Kontrollplasma (vorzugsweise von Patienten unter Cumarin-Behandlung) bei jeder Untersuchungsserie mitlaufen zu lassen, um die Qualität der Methode zu überprüfen (z.B. die Effizienz der Bariumcitrat- oder Aluminiumhydroxid-Adsorption und -Elution). Im allgemeinen besteht eine gute Übereinstimmung zwischen den verschiedenen Methoden in bezug auf den Bereich der Protein C-Aktivitätsspiegel in gesunden Individuen (1-6).

Diskrepanz zwischen Protein C-Aktivität und Protein C-Antigen

Eine Diskrepanz zwischen der Protein C-Aktivität und Protein C-Antigen kann in verschiedenen Situationen erwartet werden, z.B. a) beim angeborenen Protein C-Mangel Typ II, b) bei Homozygoten für einen Protein C-Polymorphismus, c) bei DIC oder verwandten Erkrankungen, d) bei der oralen Antikoagulation und e) in Gegenwart von heparinähnlichen Substanzen.

Hereditärer Protein C Mangel Typ II. Verschiedene Arbeitsgruppen haben über Patienten mit thrombotischen Erkrankungen berichtet, die einen normalen Spiegel an Protein C-Antigen, aber niedrige Spiegel an Protein C-Aktivität haben (2, 5, 10). Tab. 6 zeigt einige Beispiele von Patienten mit einem Typ II-Mangel, die in unserem Labor entdeckt wurden. Es sollte darauf hingewiesen werden, daß es sehr wichtig ist, die Erblichkeit des Defekts bei diesem Mangeltyp zu sichern.

Tabelle 6 Hereditärer Protein C-Mangel, Typ II

	Protein C Aktivität (%)	Protein C Antigen (%)	FIIAg (%)	FXAg (%)
Ib EV	41	110	110	92
VB	47	99	115	135
XIV FS	42	100	125	100
XVI S	35	100	78	80
XV B	38	100	85	89
XXX DV	66	108	99	140

Homozygote eines Protein C-Polymorphismus. Gegenwärtig ist gut dokumentiert, daß in der normalen Bevölkerung das Verhältnis von Protein C-Aktivität zu Protein C-Antigen von 0,64 bis 1,57 (6) variieren kann. In dieser Hinsicht ist es von großem Interesse festzustellen, ob Normalpersonen mit einem niedrigen Verhältnis von Protein C-Aktivität/Protein C-Antigen ein erhöhtes Risiko für die Entwicklung venöser Thrombosen aufweisen. Nach unserer

Erfahrung gibt es einige Patienten, die offensichtlich an einem Protein C-Mangel Typ II leiden, der aber durch die Analyse des Stammbaums nicht bestätigt werden kann. In solchen Situationen sollte man an die Möglichkeit denken, daß eine Homozygosität für einen natürlich auftretenden Protein C-Polymorphismus vorliegen könnte.

DIC oder ähnliche Erkrankungen. Bei Erkrankungen, bei denen eine Aktivierung des Gerinnungssystems eintritt, sollte man mit der Möglichkeit rechnen, daß aktiviertes Protein C gebildet und in Komplexen mit dem Protein C-Inhibitor inaktiviert wird. Dies kann zu Zuständen führen, bei denen die Protein C-Aktivität viel geringer ist als das Protein C-Antigen (Tab. 7).

Tabelle 7 Protein C-Aktivität und -Antigen bei Patienten mit DIC

	Protein C	
	Aktivität (%)	Antigen (%)
Promyelozyten-Leukämie	39	84
SLE/Sepsis	60	105
Akute Leukämie	43	76

Orale Antikoagulation. Da Protein C ein sogenannter Vitamin K-abhängiger Gerinnungsfaktor ist, ist zu erwarten, daß seine Konzentration während der Behandlung mit Vitamin K-Antagonisten abfällt. Dies ist derzeit für die Protein C-Antigenspiegel klar gezeigt worden (12, 13, 10). Wegen der Gegenwart von nicht carboxylierten und teilweise carboxylierten Protein C-Molekülen in der Zirkulation kann jedoch erwartet werden, daß nur ein Teil der Protein C-Moleküle die volle Protein C-Aktivität haben. Dies wird in Tab. 8 gezeigt, wo Protein C-Aktivität und Protein C-Antigenspiegel verglichen werden in Plasmen von Patienten, die unterschiedlich stark oral antikoaguliert sind (ausgedrückt in International Normalized Ratios). Es ist jedoch wichtig, sich zu vergegenwärtigen, daß die Ergebnisse solcher Vergleiche abhängig sind von der Methode, mit der die Protein C-Aktivität bestimmt wurde, und sogar abhängig sind von den tatsächlichen Versuchsbedingungen (mit Adsorption und Elution von teilweise carboxylierten Protein C-Molekülen). Für die Labordiagnose von Protein C-Mangelzuständen bei Patienten unter oralen Antikoagulantien sollte jedes Labor seine eigenen Referenzdaten erstellen, und zwar unter Verwendung der Bestimmungsmethode für die Protein C-Aktivität, die routinemäßig verwendet wird.

Tabelle 8 Effekt der oralen Antikoagulation auf die Protein C-Aktivität und die Protein C-Antigenspiegel

N	INR	Protein C Aktivität (%)	Protein C Antigen (%)
10	2.4 - 2.8	41 ± 5	42 ± 6
10	2.8 - 3.2	38 ± 9	45 ± 8
10	3.2 - 3.6	38 ± 13	50 ± 9
10	3.6 - 4.0	32 ± 5	48 ± 6

Vorhandensein von heparinähnlichen Substanzen. Wie im Vorangegangenen angesprochen, kann die Gegenwart von Heparin im Patientenplasma in unterschiedlicher Weise die Bestimmungsmethode für die Protein C-Aktivität beeinflussen. So kann es die Interaktion zwischen dem aktivierten Protein C und dem Protein C-Inhibitor beschleunigen (7) oder die Co-Adsorption und -Elution beim Bariumcitrat- oder Aluminiumhydroxid-Adsorptionsschritt. Bei der Protein C-Aktivitätsmessung, die in unserem Labor entwickelt wurde, kann dieses Problem ausgeschaltet werden durch die Zugabe eines Überschusses von Protaminchlorid zum Plasma vor der Untersuchung. Dies wird in einem Experiment demonstriert, das in Tab. 9 aufgelistet ist. Schon die Gegenwart von 0,1 U/ml Heparin im Plasma würde zu einem scheinbar erniedrigten Protein C-Aktivitätsspiegel (und so zu einer Diskrepanz mit dem Protein C-Antigenspiegel) führen. Die Zugabe von Protaminchlorid schaltet diesen unerwünschten Nebeneffekt von Heparin jedoch aus.

Tabelle 9 Effekt von Heparin und Protaminchlorid auf die Bestimmungsmethode der Protein C-Aktivität

		A 405	(%)
Normalplasma		0.592	(100)
Protein C-Mangelplasma		0.112	(0)
Normalplasma			
+ Heparin:	3.2 U/ml	0.441	(60)
	1.6	0.482	(70)
	0.8	0.448	(65)
	0.4	0.484	(71)
	0.2	0.500	(75)
	0.1	0.467	(66)
+ Protaminchlorid	5 U/ml	0.587	(96)
+ Heparin	2 U/ml		
+ Protaminchlorid	5 U/ml	0.624	(105)

LITERATUR

1. Francis, R.B., Patch, M.J.: Thromb. Res. 32, 605-613 (1983)

2. Comp, P.C., Nixon, R.R., Esmon, C.T.: Blood 63, 15-22 (1984)

3. Sala, N., Owen, W.G., Collen, D.: Thromb. Haemostas. 50, 352 (1983).

4. Sala, N., Owen, W.G., Collen, D.: Blood 63, 671-675 (1984).

5. Bertina, R.M., Broekmans, A.W., Krommenhoek-van Es, C., Van Wijngaarden, A.: Thromb. Haemostas. 50, 350 (1983).

6. Bertina, R.M., Broekmans, A.W., Krommenhoek-van Es, C., Van Wijngaarden, A.: Thromb. Haemostas. 51, 1-5 (1984).

7. Suzuki, K., Nishioka, J., Hashimoto, S.: J. Biol. Chem. 258, 163-168 (1983).

8. Owen, W.G., Esmon, C.T.: J. Biol. Chem. 256, 5532-5535 (1981).

9. Esmon, N.L., Debault, L.E., Esmon, C.T.: J. Biol. Chem. 258, 5548-5553 (1983).

10. Griffin, J.H.: Semin. Thromb. Haemostas. 10, 162-166 (1984).

11. Barbui, T., Finazzi, G., Mussoni, L., Riganti, M., Donati, M.B., Colucci, M., Collen, D.: The Lancet II 8406, 819 (1984).

12. Griffin, H.J., Evatt, B., Zimmerman, T.S., Kleiss, A.J., Wideman, C.: J. Clin. Invest. 68, 1370-1373 (1981).

13. Bertina, R.M., Broekmans, A.W., van der Linden, I.K., Mertens, K.: Thromb. Haemostas. 48, 1-5 (1982).

ANGEBORENER PROTEIN C-MANGEL

Andre W. Broekmans und Rogier M. Bertina

Haemostasis and Thrombosis Research Unit, University Hospital, Leiden, The Netherlands

EINFÜHRUNG

Seit dem ersten Bericht von Griffin et al. (1) 1981 über angeborenen Protein C-Mangel als Risikofaktor für die Entstehung von Thrombosen, sind sowohl in Europa wie auch in den USA (2, 3, 4, 5, 6, 7) viele Patienten mit Protein C-Mangel entdeckt worden. In der neueren Literatur wird beschrieben, daß sich die klinischen Symptome des angeborenen Protein C-Mangels in mancher Hinsicht von denen des Antithrombin III-Mangels unterscheiden (8). In der vorliegenden Übersicht werden die derzeit bekannten Informationen über Diagnose, klinische Symptome, Verbreitung und Behandlung des angeborenen Protein C-Mangels zusammengefaßt.

Laboruntersuchungen

Man kann zwei Typen von hereditärem Protein C-Mangel unterscheiden (Tab. 1; Lit. 9). Beim Protein C-Mangel vom Typ I liegt in der Kodierung der Gene für Protein C ein Defekt vor, der die Synthese des Protein C-Moleküls verhindert. Bei diesen Patienten liegt die Plasmakonzentration der Protein C-Aktivität und/oder des Protein C-Antigens unterhalb der unteren Grenze des Normbereichs (Tab. 1, 2), während das Verhältnis zwischen Protein C-Aktivität und Protein C-Antigen noch innerhalb des Normbereichs liegt (9).

Protein C

Tabelle 1: Kriterien des Protein C-Mangels

	Typ I	Typ II
Protein C-Aktivität	↓ *	↓*
Protein C-Antigen	↓ *	normal
Quotient Protein C-Aktivität/ Protein C-Antigen	normal	↓ *
Faktoren VII, IX, X, II	normal	normal
Disseminierte intravasculäre Gerinnung	fehlt	fehlt
Chronische Lebererkrankung	fehlt	fehlt
Orale Antikoagulantienbehandlung	stabil	stabil

↓*unterhalb der unteren Grenze des Normbereichs.

Tabelle 2: Normwerte für Protein C

	Mittelwert ± SD	Bereich
Protein C-Aktivität (U/ml)	0,94 ± 0,17	0,61 - 1,32
Protein C-Antigen (U/ml)	0,99 ± 0,17	0,67 - 1,40
Quotient Protein C-Aktivität/ Protein C-Antigen	0,97 ± 0,21	0,64 - 1,57

Bei Protein C-Mangel Typ II liegt eine Modifizierung in einer Kodierung der Gene für Protein C in der Art vor, daß ein abnormales Genprodukt entsteht. Dieser Moleküldefekt kann nur durch die kombinierte Anwendung eines Funtionstests und eines immunologischen Tests für Protein C festgestellt werden. Bei diesen Patienten liegt das Protein C-Antigen innerhalb des Normbereichs, während die Protein C-Aktivität und das Verhältnis zwischen Protein C-Aktivität und Protein C-Antigen unterhalb der unteren Grenze des Normbereichs liegen (Tab. 1, 2; Lit. 9).
Bei beiden Typen des Protein C-Mangels sollte die Plasmakonzentration der anderen Vitamin K-abhängigen Gerinnungsfaktoren innerhalb des Normbereichs liegen. Das Vorliegen von Krankheitsbildern, die einen erworbenen Protein C-Mangel zur Folge haben,

wie instabile orale Antikoagulantienbehandlung, Vitamin K-Mangel, Lebererkrankungen und disseminierte intravasculäre Gerinnung (2, 10, 11, 12) sollte ausgeschlossen werden.
Während der oralen Antikoagulantien-Behandlung sind die Konzentrationen der Vitamin K-abhängigen Faktoren erniedrigt. Die tatsächliche Verminderung der Konzentration der Vitamin K-abhängigen Faktoren hängt von der Intensität der oralen Antikoagulantienbehandlung ab (2, 9). Da viele an thrombotischen Erkrankungen leidende Patienten mit oralen Antikoagulantien behandelt werden, ist es wichtig, für jeden einzelnen der Vitamin K-abhängigen Faktoren (Aktivität und Antigen) Normbereiche bei unterschiedlicher Behandlungsintensität aufzustellen, um einen isolierten Mangel eines dieser Faktoren nachzuweisen. In unserem Laboratorium wurden Referenzwerte erstellt für Protein C-Antigen, den Quotienten zwischen Protein C-Antigen und Faktor II-Antigen und zwischen Protein C-Antigen und Faktor X-Antigen bei ansteigender Intensität der oralen Antikoagulation (2). Diese Referenzwerte können nur verwendet werden, wenn der zu beobachtende Patient sich zum Zeitpunkt der Untersuchung in einer stabilen Phase der oralen Antikoagulantienbehandlung befindet, da während instabiler oraler Antikoagulantienbehandlung infolge von Unterschieden in den biologischen Halbwertszeiten (2, 12) beträchtliche Differenzen in den Konzentrationen der Vitamin K-abhängigen Faktoren auftreten können. Dies ist in Tab. 3 dargestellt; sie zeigt die Laborbefunde einer Patientin, die zu drei verschiedenen Zeitpunkten erhoben wurden.

Tabelle 3: <u>E.K.-V., geb. 18.08.1946</u>
Diagnose: Lungenembolie
keine Familienanamnese
19.11.1982: Beginn der oralen
Antikoagulantienbehandlung

	22.11.	01.12.	08.12.
Protein C-Antigen (U/ml)	0,56	0,50	0,65
Faktor II-Antigen (U/ml)	1,05	0,64	0,66
Faktor X-Antigen (U/ml)	0,96	0,50	0,48
Thrombotest (%)	14	8	9

Das erste Mal wurde sie drei Tage nach Einleitung der oralen Antikoagulantienbehandlung untersucht, wobei eine Protein C-Verminderung gefunden wurde. Nach Stabilisierung der Antikoagulantientherapie konnte jedoch kein isolierter Protein C-Mangel festgestellt werden.

Heterogenität des Protein C-Mangels.

Die ersten Berichte über Familien mit angeborenem Protein C-Mangel betrafen alle Protein C-Mangel vom Typ I (1, 2, 3, 4, 5, 7). Wie in Abb. 1 dargestellt, wird Protein C-Mangel vom Typ I als ein autosomal dominantes Merkmal vererbt (3, 4).
In den Niederlanden sind gegenwärtig 52 Patienten aus 24 verschiedenen Familien mit Protein C-Mangel vom Typ I identifiziert worden. Alle diese Patienten sind hinsichtlich dieses Defektes heterozygot. Die durchschnittliche Plasmakonzentration beträgt ungefähr 0,50 U/ml sowohl für die Protein C-Aktivität als auch für Protein C-Antigen (Tab. 4).
Die Protein C-Werte können jedoch individuell zwischen 0,30 und 0,76 U/ml schwanken. Dieser große Bereich der Protein C-Konzentrationen bei verschiedenen Heterozygoten entspricht der unterschiedlichen Ausprägung des Protein C-Gens (3).

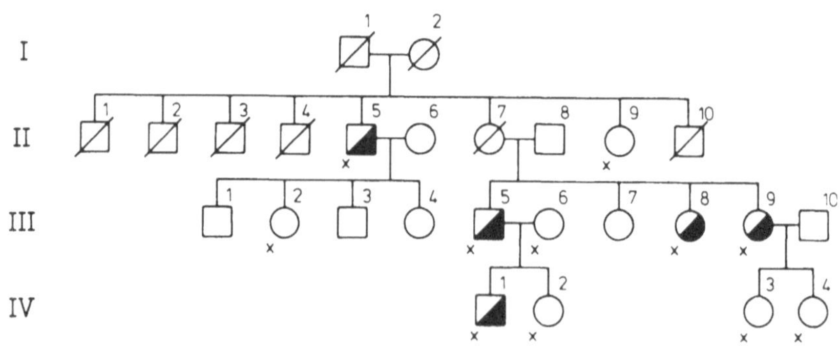

Abb. 1: Autosomal dominantes Vererbungsmuster des Protein C-Mangels.
◪ ◑ Heterozygoten für Protein C-Mangel
x Untersuchte
⌀ ⌀ Verstorbene

Tabelle 4: Laborwerte von Patienten mit Protein C-Mangel Typ I (n = 52)

		-OAC[1]	+OAC
Protein C-Aktivität	(U/ml)	0,51 ± 0,11[2] (0,30 - 0,74)[3]	0,12 ± 0,08 (0,05 - 0,23)
Protein C-Antigen	(U/ml)	0,50 ± 0,10 (0,31 - 0,76)	0,23 ± 0,05 (0,13 - 0,29)

[1]OAC = orale Antikoagulatienbehandlung
[2]Mittelwert ± SD
[3]Bereich

Bisher sind vier homozygote Patienten mit Protein C-Mangel vom Typ I beschrieben (5, 13, 14, 28). In allen diesen Fällen handelt es sich um Kinder aus Ehen zwischen Blutsverwandten, wo bei beiden Elternteilen ein heterozygoter Protein C-Mangel vorliegt. Drei dieser homozygoten Patienten wiesen einen schweren Defekt auf (Protein C-Antigen-Konzentration < 0,01 U/ml); zwei davon starben an ausgedehnten Thrombosen (5, 13) kurz nach der Geburt. Der andere beschriebene Fall von homozygotem Protein C-Mangel hatte einen leichten Defekt (Protein C-Antigen 0,24 U/ml) und seine erste thrombotische Episode trat im Alter von 17 Jahren auf (14).
Bisher wurden nur vier Patienten mit einem Protein C-Mangel vom Typ II beschrieben (9, 15).

Klinische Symptome des angeborenen Protein C-Mangels.

Aus vielen Zentren gibt es Hinweise dafür, daß Patienten mit einem heterozygoten Protein C-Mangel ein erhöhtes Risiko für venöse thromboembolische Komplikationen haben.
Seligsohn et al. (5) berichteten über eine interessante Familie; in dieser Familie hatte nur der homozygote Proband, aber keiner der 14 heterozygoten Familienmitglieder eine thrombotische Erkrankung. Weitere Studien sollten klären, ob bei diesen Heterozygoten andere Faktoren wirksam sind, die sie gegen das Auftreten von venösen Thromboembolien schützen.

Die folgenden klinischen Symptome wurden festgestellt:

Venöse Thromboembolien

Die Mehrzahl der Patienten mit einem angeborenen Protein C-Mangel haben in ihrer Anamnese thrombotische Erkrankungen (1, 3, 4, 7). Eine Protein C-Konzentration von 0,65 U/ml oder weniger bedeutet offensichtlich ein ausgeprägtes Risiko für die Ausbildung von thrombotischen Erkrankungen (3). In den Niederlanden haben 77 % der Patienten mit einem Protein C-Mangel vom Typ I in ihrer Anamnese venöse Thromboembolien (Tabelle 5), häufig mit Rezidiven (bei 70 % der Patienten mit thrombotischen Erkrankungen).

Tabelle 5: Klinische Symptome bei Patienten mit Protein C-Mangel Typ I (n = 52)

	n	%
Keine venösen Thromboembolien	12	23
Oberflächliche Thrombophlebitis	25	48
Tiefe Venenthrombose	33	63
Lungenembolien	21	40
Rezidive	28	54

63 % der Patienten litten an tiefen Venenthrombosen, häufig in Verbindung mit Lungenembolien (bei 40 % der Patienten). Bei zwei Patienten lagen axillare Venenthrombosen vor. Im holländischen Patientenmaterial liegt die Häufigkeit des Auftretens von oberflächlichen Thrombophlebitiden hoch (48 %), bei 10 % der Patienten war dies sogar das einzige Symptom der thrombotischen Erkrankung. Diese hohe Inzidenz von oberflächlichen Thrombophlebitiden wird nicht von allen Autoren bestätigt (4, 7).
Ebenso haben die Patienten ein großes Risiko für Mesenterial-Venenthrombosen (4). Das erste thrombotische Geschehen tritt meistens ohne offensichtliche Ursache auf (67 % der holländischen Patienten), es können aber auch bekannte Risikofaktoren wie Operationen, Bettlägerigkeit und Schwangerschaft bestehen (3, 4, 7).

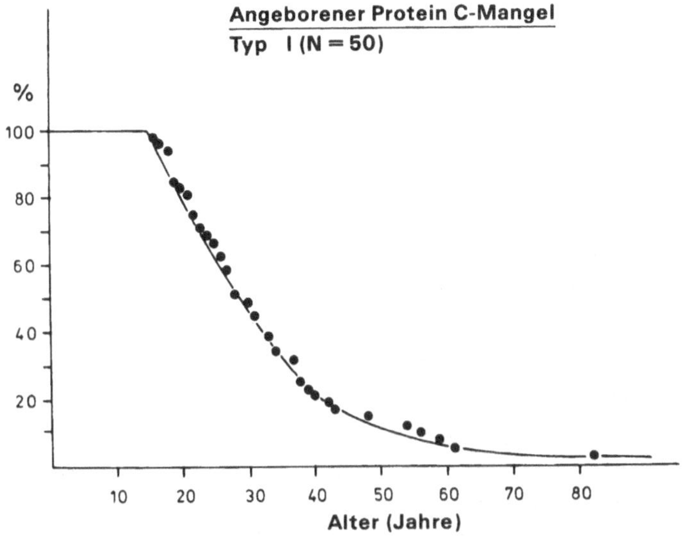

Abb. 2: Prozentsatz von Patienten ohne venöse Thromboembolien in Relation zum Alter

Abb. 2 zeigt den Prozentsatz der Patienten ohne Thromboembolien in Relation zum Alter. Im holländischen Patientenmaterial trat bei ungefähr 50 % aller Patienten wenigstens ein thrombotisches Geschehen vor Erreichen des dreißigsten Lebensjahres auf und bei 80 % der Patienten vor Erreichen des vierzigsten Lebensjahres. Keiner der holländischen Patienten zeigte klinische Symptome vor dem fünfzehnten Lebensjahr.

Cerebraler hämorrhagischer Infarkt aufgrund von venösen Thrombosen

Bei drei weiblichen Patienten mit Protein C-Mangel vom Typ I trat in einem verhältnismäßig jungen Alter (27, 34 und 38 Jahre) ein cerebrales Ereignis auf, welches einer cerebralen venösen Thrombose (17) zugeschrieben wurde. Vor dem cerebralen Ereignis trat in allen Fällen eine Periode von prodromalen Kopfschmerzen auf. Eine cerebrale hämorrhagische Infarktbildung wurde bei zwei Patienten durch ein CT festgestellt und bei dem verstorbenen

Patienten durch Autopsie. Alle drei weiblichen Patienten hatten venöse Thromboembolien in ihrer Anamnese und es gab keinen Hinweis für das Vorliegen einer arteriellen Thromboembolie als Ursache für das cerebrale Geschehen. Bei einer Patientin zeigte das vorliegende Angiogramm cerebrale Venenthrombosen (17).

Thrombosen in der Mikrozirkulation

Die Ausbildung von kumarininduzierten hämorrhagischen Hautnekrosen wurde bei 4 Patienten mit angeborenem Protein C-Mangel beschrieben (18, 14, 19). Drei Patienten waren hinsichtlich des Defekts heterozygot, der vierte Patient war homozygot. Das wiederholte Auftreten kumarininduzierter hämorrhagischer Hautnekrosen scheint pathognomonisch zu sein für das Vorliegen eines angeborenen Protein C-Mangels mit einem schweren Defekt (14, 18). Hämorrhagische Hautnekrosen treten als Folge von diffusen Thrombosen in Venolen und interstitiellen Blutungen auf (20). Die Läsionen treten vorherrschend in der Anfangsphase der oralen Antikoagulantienbehandlung auf (20); sie werden aber auch bei Vitamin K-Mangel aufgrund einer Cholestase (21) beobachtet. Während der Anfangsphase der oralen Antikoagulantientherapie kommt es zu einem schnellen Abfall von Faktor VII und Protein C, während die Faktoren IX, X und II langsamer abfallen (12). Solch ein vorübergehender Zustand von erworbenem Protein C-Mangel kann ein Thromboserisiko darstellen, besonders wenn Thrombin noch über den endogenen, Faktor VII-unabhängigen Weg gebildet werden kann (18). Bei Patienten mit angeborenem Protein C-Mangel liegt dieses Risiko noch höher.

Bei drei Kindern mit schwerem Protein C-Mangel wurde ein Purpura fulminans ähnliches Syndrom beschrieben (22, 13, 23). Die Biopsie der betreffenden Hautläsionen zeigte Thrombosierung scheinbar aller oberflächlichen und tiefen vasculären Strukturen mit fibrösen Nekrosen der Gefäßwände (13). Die von Seligsohn und Mitarbeitern beschriebenen postmortalen Untersuchungen des homozygoten Neugeborenen zeigten neben tiefen Venenthrombosen und Lungenembolien auch Thrombosen in der Mikrozirkulation (5).

Das Purpura fulminans Syndrom bei schwerem Protein C-Mangel und die kumarininduzierten hämorrhagischen Hautnekrosen könnten denselben Pathomechanismus haben.

Fehlen von arteriellen thrombotischen Erkrankungen

Bisher sind nur wenige Patienten mit Protein C-Mangel, die symptomatische arterielle thrombotische Erkrankungen aufwiesen, beschrieben worden (1, 6). Das Auftreten von arteriellen Thrombosen (3, 4, 7) wird nicht von allen Autoren bestätigt. Bei den holländischen Patienten mit Protein C-Mangel vom Typ I zeigte keiner Hinweise auf eine arterielle thrombotische Erkrankung vor dem 50. Lebensjahr.

Häufigkeit des angeborenen Protein C-Mangels

Bis jetzt gibt es noch keine Informationen über die Häufigkeit des angeborenen Protein C-Mangels in der Gesamtbevölkerung. Die meisten Studien wurden in Spezialzentren an Patientengruppen mit venösen Thromboembolien durchgeführt. In Österreich wurden in einer Gruppe von 225 Patienten, die in der Anamnese venöse Thromboembolien hatten, zwei Patienten mit Protein C-Mangel vom Typ I entdeckt (4). In Frankreich entdeckten Horellou und Mitarbeiter (7) unter 118 Patienten mit nachgewiesener thrombotischer Erkrankung 9 Patienten mit Protein C-Mangel vom Typ I. Andererseits fanden Jespersen und Bertina (24) in einer Gruppe von 110 Patienten mit thrombotischen Erkrankungen nicht einen einzigen Patienten mit Protein C-Mangel.

In Leiden wurde die Häufigkeit des Auftretens von Protein C-Mangel in einer nicht selektierten Patientengruppe bestimmt (25). Von allen Patienten (n = 800), die am 1. Mai 1982 wegen venöser Thromboembolien mit Vitamin K-Antagonisten behandelt wurden, wurden zwei Patientengruppen ausgewählt. Die erste Gruppe umfaßte alle Patienten unter 41 Jahren (n = 62), die entweder wegen oberflächlicher Thrombophlebitiden, tiefer Venenthrombosen und/oder wegen Lungenembolien behandelt wurden, während die Patienten der zweiten Gruppe über 40 Jahre alt waren (n = 257) und wegen rezidivierender venöser Thromboembolien behandelt wurden. Die Häufigkeit des Auftretens von Protein C-Mangel Typ I bei Patienten unter 41 Jahren lag bei 4,8 %. Die Häufigkeit von Protein C-Mangel Typ I bei allen wegen <u>rezidivierender</u> thrombotischer Episoden behandelten Patienten lag bei 2,2 % und in der Gruppe der unter 41jährigen Patienten sogar noch höher (13,6 %).

Behandlung des angeborenen Protein C-Mangels

Rezidivierende venöse Thromboembolien bei Heterozygoten (3, 7) werden durch Langzeitbehandlung mit Kumarin-Präparaten wirksam verhindert. Dies wird durch die Beobachtung bestätigt, wonach Patienten kurz nach dem Absetzen der Kumarin-Präparate an wiederholtem Auftreten von thrombotischen Erkrankungen leiden, während sie unter Langzeitbehandlung symptomfrei bleiben (3, 7). In der Einleitungsphase der oralen Antikoagulantienbehandlung laufen die Patienten jedoch Gefahr, hämorrhagische Hautnekrosen zu entwickeln (14, 18, 19). Hautnekrosen können vermieden werden, wenn die orale Antikoagulantienbehandlung mit einer niedrigen Dosierung des Präparates begonnen wird, und die Prothrombinzeit mit einem Faktor VII-empfindlichen Thromboplastin regelmäßig überwacht wird.

Nach Pabinger-Fasching et al. (4) ist Heparin zur Prophylaxe von venösen Thromboembolien in Situationen wie z.B. nach Operationen wirkungsvoll.

Im Falle von schwerem Protein C-Mangel (häufig homozygot) mit ausgedehnten Venenthrombosen ist die Substitutionstherapie mit fresh frozen Plasma oder Prothrombinkomplexkonzentraten (22, 23) angezeigt, bis sich die Wirkung der oralen Antikoagulantientherapie stabilisiert hat. In diesem Zusammenhang ist es wichtig festzustellen, daß das Auftreten von Thrombosen in der Mikrozirkulation (22) auch nicht durch Heparingaben verhindert werden kann. Vor kurzem wurde darüber berichtet, daß bei Verabreichung von Stanozolol, einem anabolen Steroid, die Plasmakonzentration von Protein C-Antigen bei gesunden Probanden um 50 bis 60 % ansteigt (26). Wir behandelten einen Patienten mit Protein C-Mangel vom Typ I über 5 Wochen mit Stanozolol. Wie die Abb. 3 zeigt, stieg die Protein C-Antigen-Konzentration von 46 auf 68 % an.

Weitere Studien an Patienten mit Protein C-Mangel sind notwendig, um diese Beobachtung zu bestätigen und die Wirksamkeit dieser Behandlung zu bewerten. Es sollte jedoch beachtet werden, daß Stanozolol schwere Nebenwirkungen haben kann und die Wirkung der Kumarinpräparate möglicherweise verstärkt (27).

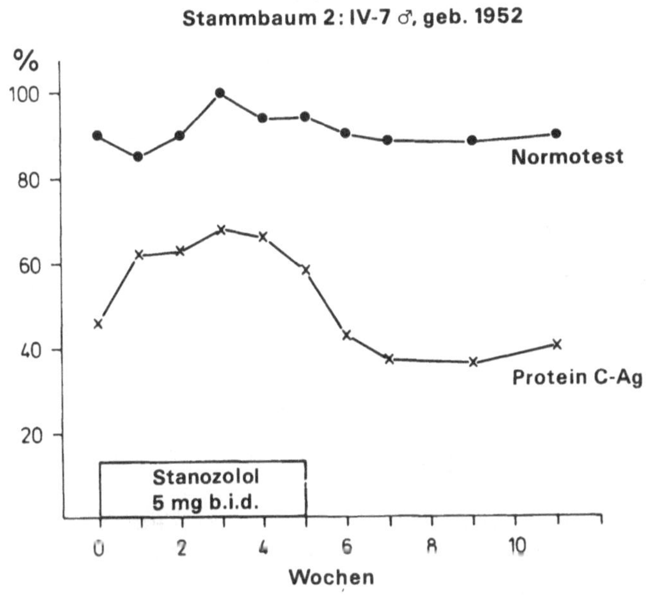

Abb. 3: Stanozololbehandlung eines Patienten mit Protein C-Mangel vom Typ I

LITERATUR

1. Griffin, J.H., Evatt, B., Zimmerman, T.S., Kleiss, A.J., Wideman, C.: J. Clin. Invest. 68, 1370-1373 (1981).

2. Bertina, R.M., Broekmans, A.W., Van der Linden, I.K., Mertens, K.: Thromb. Haemostas. 48, 1-5 (1982).

3. Broekmans, A.W., Veltkamp J.J., Bertina R.M.: N. Engl. J. Med. 309, 340-344 (1983).

4. Pabinger-Fasching, I., Bertina, R.M., Lechner, K., Niessner, H., Korninger, Ch.: Thromb. Haemostas. 50, 810-813 (1983).

5. Seligsohn, U., Berger, A., Abend, M., Rubin, L., Attias, D., Zivelin, A., Rapaport, S.I.: N. Engl. J. Med. 310, 559-562 (1984).

6. Marlar, R.A., Endres-Brooks, J.: Thromb. Haemostas. 50, 351 (1983).

7. Horellou, M.H., Conard, J., Bertina, R.M., Samama, M.: Br. Med. J. 289, 1285-1287 (1984).

8. Thaler, E., Lechner, K.: Clin. Haematol. 10, 369-390 (1981).

9. Bertina, R.M., Broekmans A.W., Krommenhoek-van Es, C., Van Wijngaarden, A.: Thromb. Haemostas. 51, 1-5 (1984).

10. Mannucci, P.M., Vigano, S.: Lancet ii, 463-466 (1982).

11. Griffin, J.H., Mosher, D.F., Zimmerman, T.S., Kleiss, A.J.: Blood 60, 261-264 (1982).

12. Vigano, S., Mannucci, P.M., Solinas, S., Bottasso, B., Mariani, G.: Br. J. Haematol. 57, 213-220 (1984).

13. Marciniak, E., Wilson, H.D., Marlar, R.A.: Blood 62, suppl. 303 a (1983).

14. Samama, M., Horellou, M.H., Soria, J., Conard, J., Nicolas, G.: Thromb. Haemostas. 51, 132-133 (1984).

15. Comp, P.C., Nixon, R.R., Esmon, C.T.: Blood 63, 15-21 (1984).

16. Bercoff, E., Morcamp, D., Bourreille, J., Borg, J.Y., Piguet, H., Soria, J., Soria, C., Dorner, M.: Presse Méd. 13, 49 (1984).

17. Wintzen, A.R., Broekmans, A.W., Bertina, R.M., Briet, E., Briet, P.E., Zecha, A., Vielvoye, G.J., Bots, G.Th.A.M.: Br. Med. J., accepted for publication.

18. Broekmans, A.W., Bertina, R.M., Loeliger, E.A., Hofmann, V., Klingemann, H.G.: Thromb. Haemostas. 49, 244 (1983).

19. McGehee, W.G., Klotz, T.A., Epstein, D.J., Rapaport, S.I.: Ann. Intern. Med. 100, 59-60 (1984).

20. Loeliger, E.A., Broekmans, A.W. In: Dukes MNG, ed. Meyler's side effects of drugs. Amsterdam, Oxford, Princeton: Excerpta Medica, 10th ed. 648-693 (1984).

21. Hofmann, V., Frick, P.G.: Thromb. Haemostas. 48, 245-246 (1982).

22. Branson, H.E., Katz, J., Marble, R., Griffin, J.H.: Lancet ii, 1165-1168 (1983).

23. Marlar, R.A., Sills, R.H., Montgomery, R.R.: Blood 62, suppl. 303 a (1983).

24. Jespersen, J., Bertina, R.M. Unpublished observations (1983).

25. Broekmans, A.W., Van der Linden, I.K., Veltkamp, J.J., Bertina, R.M.: Thromb. Haemostas. 50, 350 (1983).

26. Kluft, C., Bertina, R.M., Preston, F.E., Malia, R.G., Blamey, S.L., Lowe, G.D.O., Forbes, C.D.: Thromb. Res. 33, 297-304 (1984).

27. Jarrett, P.E.M., Morland, M., Browse, N.L. In: Davidson J.F., ed. Progress in chemical fibrinolysis and thrombolysis. Edinburgh: Churchill Livingstone 317-321 (1979).

28. Wehinger, H., Geiger, E., Freudenberg, V., Schürmann, J., Alexandrakis, El., Witt, I.: Klin. Pädiat. 199, 116 - 120 (1985)

PROTEIN C MANGEL BEI EINEM NEUGEBORENEN MIT PURPURA FULMINANS

Helmut Wehinger und Irene Witt

Kinderklinik der Städtischen Kliniken
3500 Kassel
Biochemisches Labor der Universitäts-Kinderklinik
7800 Freiburg

Die Purpura fulminans ist eine seltene hämorrhagische Störung mit hoher Mortalität. Die Krankheit kann auch bei Neugeborenen auftreten (1, 2). Die Pathogenese ist noch nicht eindeutig geklärt. In der letzten Zeit wurde bei einigen Neugeborenen mit Purpura fulminans ein Protein C-Mangel diagnostiziert (3, 4, 5). Wir berichten über einen ähnlichen Fall und die erfolgreiche Behandlung mit Phenprocoumon.

Krankengeschichte

Das Kind wurde am 17. August 1983 nach einer komplikationslos verlaufenen Schwangerschaft mit einem Gewicht von 2920 g geboren. Der Vater war 22, die Mutter 21 Jahre alt; beide waren gesund. Die Großmutter mütterlicherseits hatte einmal eine Thrombophlebitis am Bein. Die Vitalfunktionen des Neugeborenen waren normal; der Apgar Index nach 5 Minuten war 10. Das Scrotum war geschwollen und blau verfärbt, und es war unmöglich die Testes zu tasten. Die Diagnose einer intrauterinen Hodentorsion wurde gestellt. Diese Diagnose erwies sich als falsch, als das Hämatom nach fünf Tagen resorbiert war und sich statt dessen andere Hämatome entwickelten. Am sechsten Lebenstag trat am rechten Ellenbogen eine blau-schwarze Verfärbung auf, am elften Tag bildete sich ein nekrotisierendes Hämatom des unteren Abdomens und am vierzehnten Tag kam es zu einer ausgedehnten Blutung im Bereich des rechten Schädels. Es gab mehrere Rückfälle und insgesamt wurden neun hämorrhagische Ereignisse beobachtet, von denen die meisten am Schädel auftraten.

Protein C

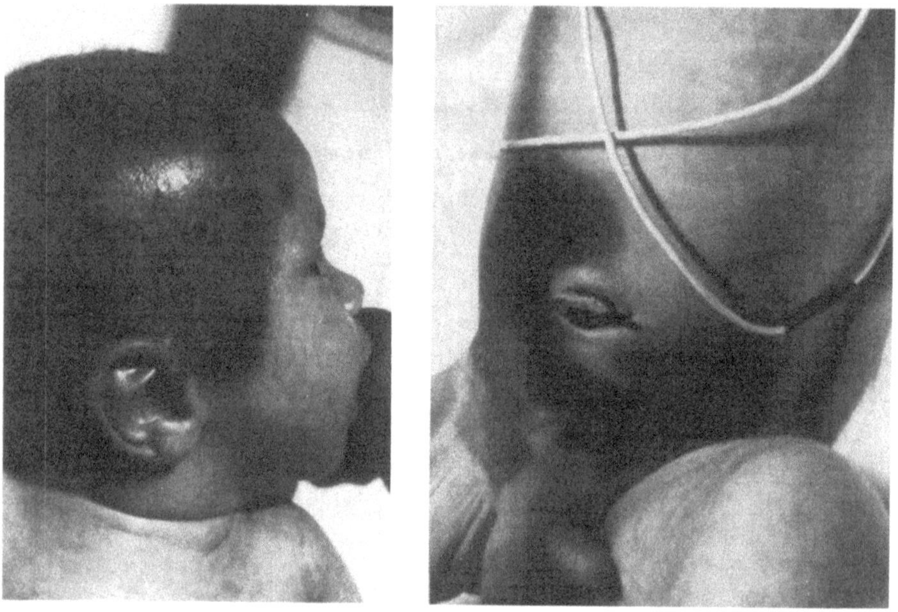

Abb. 1: Großes Hämatom an der rechten Schädelseite und am unteren Abdomen

Alle diese Läsionen waren scharf abgegrenzt, beginnend mit einer roten bis purpurnen Verfärbung, die dann in blau-schwarz überging, was auf eine Gangrän hindeutete. Manchmal bildeten sich oberflächliche Blasen. Im Verlauf der Heilung wurde die nekrotische Haut abgestoßen, und es bildete sich eine Narbe. Vom 6. bis 10. Tag trat eine Hämaturie auf. Die Palpation des Abdomens ergab keinen pathologischen Befund. Die Sonographie zeigte ein normales Nierenparenchym, aber es fand sich eine Erweiterung des linken unteren Nierenbeckens (die bestehen blieb, sich aber später nicht weiter ausdehnte). Keine Harnwegsinfektion, kein Anstieg des Serum-Kreatinins und keine Fragmentocyten im peripheren Blut wurden gefunden. Die Sonographie des Gehirns war normal. Die Untersuchung der Augen zeigte auf der rechten Seite eine

Narbe in der Mitte der Cornea, eine Synechie der Iris und alte Hämorrhagien im Glaskörper. Am linken Auge wurde eine Trübung der Cornea, eine Hyperämie der Iris und einige streifenförmige Glaskörperblutungen gefunden.
Die Durchführung der routinemäßigen Gerinnungstests machte deutlich, daß jede Blutung von einer schweren Hypofibrinogenämie und - weniger ausgeprägt - von einer Thrombocytopenie begleitet wurde (Tab. 1). Fibrinmonomere waren vorhanden, aber es gab keinen Hinweis auf eine schwere Hyperfibrinolyse.

Tabelle 1: Ergebnisse der Gerinnungstests

Datum	19.8.	22.8.	23.8.	24.8.	25.8.	26.8.	27.8.	28.8.	29.8.	30.8.	31.8.	normal f. Erwachsene
Therapie												
Heparin E/24 h		1200	2400	2400	2400	2400	2400	3000	3000	3000		
Fibrinogen mg		300					300			300		
Labor												
Thrombozyten/µl	53000	52000	21000	122000	66000	143000	83000	122000	122000	51000	102000	100.000-300.000
Fibrinogen mg/dl	83	40	320	110	140	110	12	250	140	30	50	150-400
Quick %	68	48	> 100								80	> 70
PTT sec	35	42	25								35	< 35
TZ sec	18	22	21	34	25	39	39	22	38	44	37	< 20
Reptilase sec	24	29		26	18	25	42	21	30	30	24	< 20
Thrombinkoagulase sec		22										< 23
Fibrinmonomere	Ø	++	++	++	++	++		++	(+)	++	++	Ø
AT III%		70			00							≥ 70
Blutungen	+	+++					++++			+++		

*) normalisiert nach Fibrinogengaben

Am 34. Tag wurde eine Biopsie an einem der befallenen Hautbezirke vorgenommen. Sie zeigte ausgeprägte Blutungen in das Corium und Fibrinthromben innerhalb der kapillaren Blutgefäße. Es fanden sich keine entzündlichen Veränderungen der Gefäße und keine anderen entzündlichen Infiltrationen. Die immunhistologische Untersuchung ergab Einlagerungen von IgG und C_3-Komplement in den arteriellen Gefäßwänden und Fibrinausfällungen im Lumen der Kapillargefäße. Die Serum IgM-Konzentration lag unter 30 mg/dl

und die Komplementspiegel waren im Normbereich. Eine Reihe von serologischen Untersuchungen auf Infektionen waren negativ.
Die Diagnose Purpura fulminans und intravaskuläre Gerinnung wurde gestellt. Am 6. Tag wurde die Therapie durch kontinuierliche i. v. Infusionen mit ansteigenden Dosen von Heparin (1200 bis 3000 U pro Tag) eingeleitet. Die Fibrinogensubstitution erfolgte mit einer Präparation von Cohn-Fraktion I (300 mg Fibrinogen wurden in einem Volumen von 30 ml gegeben. Wie später festgestellt wurde, entsprach der Protein C-Gehalt dieser Lösung 50 % des Gehaltes von Normalplasma). Diese Therapie war insofern erfolgreich, als die Blutung sistierte und die Fibrinogenwerte sowie die Thrombocytenzahlen zur Norm zurückkehrten. Es war jedoch trotz fortlaufender Heparinisierung unmöglich, weitere Blutungen zu verhindern. Nach der sechsten Blutungsepisode wurden mehrere therapeutische Versuche mit Aprotinin (Trasylol^{R}), Epsilon-aminokapronsäure, Antithrombin III, fresh frozen Plasma und Prednison begonnen. Diese Versuche waren alle erfolglos und es traten drei weitere Rückfälle auf.
Die Durchführung der i. v.-Therapie über die peripheren Venen wurde zunehmend schwieriger. Am 45. Tag wurde eine orale Therapie mit Phenprocoumon eingeleitet. Es wurde mit drei Gaben von 0,75 mg innerhalb von 48 Stunden begonnen, fortgesetzt wurde die Therapie mit 2-3 Gaben von je 0,75 mg pro Woche abhängig vom Quickwert (Zielwert 15-30 %). Am 49. Tag wurde Heparin abgesetzt. Es trat keine weitere Blutung auf.
Im Januar 1984 war das Kind vier Monate alt und erhielt 0,75 mg Phenprocoumon an 5 Tagen der Woche. Der Quickwert war 23 %, die PTT 42 sec., Fibrinogen 165 mg/dl, Fibrinmonomere negativ, AT III 100 %. Die Protein C-Konzentration wurde mit dem ELISA-Kit von Boehringer Mannheim bestimmt. Aus der gleichen Blutprobe wurden die Aktivitäten von Prothrombin (37°) und Antithrombin III (25°) unter Verwendung chromogener Substrate (Testkombination von Boehringer Mannheim) gemessen.

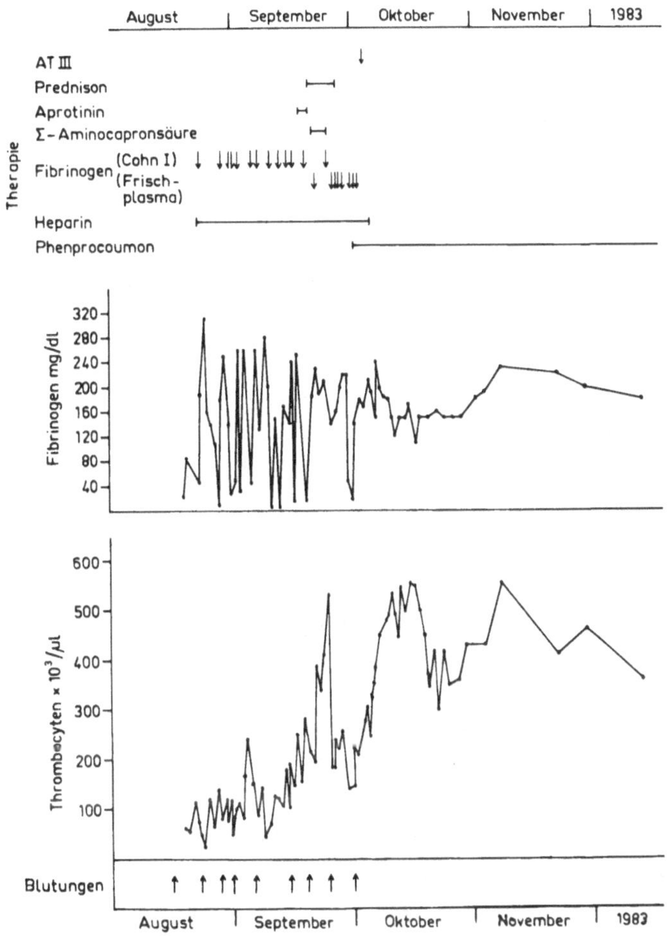

Abb. 2: Der klinische Verlauf im Verhältnis zur Therapie. Jede Blutung wird von einer schweren Hypofibrinogenämie und mäßiger Thrombocytopenie begleitet. Heilung nach Einleitung der Phenprocoumon-Therapie.

Tabelle 2: Spiegel von Protein C, Antithrombin III und Vitamin K-abhängigen Gerinnungsfaktoren beim Patienten, seinen Eltern und bei einem gleichaltrigen Kontrollkind

	Protein C	Faktor VII	Pro-thrombin	Anti-thrombin III
Vater V.S. geb. 11.03.61	36 %	100 %	20 U/ml	11 U/ml
Mutter R.S. geb. 22.01.63	37 %	67 %	17 U/ml	11 U/ml
Patient C.S. geb. 17.08.83	1 %	20 %	4.7 U/ml	10 U/ml
Kontroll-Patient gleichen Alters	46 %	49 %	12 U/ml	10 U/ml

Die Faktor VII-Aktivität wurde ebenfalls mit einer photometrischen Methode bestimmt (unveröffentlicht). Die Ergebnisse sind in Tabelle 2 aufgeführt. Eine Plasmaprobe vom 47. Lebenstag, dem dritten Tag der Phenprocoumon-Behandlung, war aufbewahrt worden. In dieser Probe lag die Protein C-Konzentration unter 1 %.
Im September 1984 sahen wir das Kind wieder. Es erhielt immer noch 0,75 mg Phenprocoumon an fünf Tagen der Woche. Der Quickwert war 21 %, PTT 45 sec., Fibrinogen 240 mg/dl, Fibrinmonomere fehlten, Reptilasezeit 17 sec., Faktor VIII 260 %, Faktor V 880 %, Protein C 1 %, SGOT 17 U/l, SGPT 25 U/l. Je nach den verschiedenen Funktionstesten lag das Entwicklungsalter zwischen 9-13 Monaten. Craniales CT und EEG waren normal. Das Kind war auf dem rechten Auge blind und die Sehkraft des linken Auges war stark eingeschränkt.

DISKUSSION

Die Purpura fulminans kann in verschiedenem Lebensalter auftreten. Die Pathogenese wurde mit dem Shwartzman-Phänomen (1, 2) in Verbindung gebracht. Während mehrere ältere Kinder durch Anwendung von Heparin geheilt wurden (6, 7), sind alle Neugeborenen mit dieser Erkrankung gestorben (1, 2, 3).
Protein C-Mangel als eine mögliche Ursache dieser Erkrankung wurde zuerst von Branson et al. (3) beschrieben. In der Zwischenzeit wurde bei mehreren Neugeborenen mit Purpura fulminans ein Protein C-Mangel diagnostiziert (4, 5). Andererseits berichteten Seligsohn und Mitarbeiter über ein Kind mit Protein C-Mangel ohne Purpura, das an massiver Venenthrombose litt (8). Das klinische Bild des schweren kongenitalen Protein C-Mangels scheint nicht einheitlich zu sein. Nichtsdestoweniger kann angenommen werden, daß bei der Purpura fulminans der Neugeborenen der Protein C-Mangel einen pathogenetischen Hauptfaktor darstellt.
Die Diagnose bei unserem Patienten wurde gestellt, als er bereits Phenprocoumon bekam, und wir wagten nicht, die Behandlung für diagnostische Zwecke zu unterbrechen. Trotzdem glauben wir, daß der Grad der Verminderung von Protein C bei unserem Patienten die vom Vitamin K-Antagonismus des Phenprocoumons erwartete Wirkung übertrifft. Unsere Untersuchungsergebnisse sprechen für Homozygotie des Kindes und Heterozygotie beider Elternteile. Die Erkrankung des Kindes begann in utero.
Die Phenprocoumontherapie wurde aufgrund technischer Schwierigkeiten und nicht wegen pathophysiologischer Überlegungen mit dem venösen Zugang begonnen. Bei einem früher beschriebenen Säugling wurde der Krankheitsverlauf durch Phenprocoumon nicht beeinflußt (1). Antikoagulantien vom Cumarintyp können bei Patienten mit (heterozygotem) Protein C-Mangel Hautnekrosen hervorrufen (9). Es wird angenommen, daß bei diesen heterozygoten Patienten nach Beginn einer Cumarinbehandlung die gewünschte Senkung des Prothrombinspiegels mit zeitlicher Verzögerung gegenüber der durch die gleiche Behandlung induzierten weiteren Verminderung der Protein C-Konzentration eintritt. Dadurch wird das Ungleichgewicht zwischen antikogulatorischen und prokoagulatorischen Fak-

toren vorübergehend verstärkt. Dieser Mechanismus kann, falls er gültig ist, irrelevant sein für Patienten, die, wie unser Patient, von Anfang an an extremem Protein C-Mangel leiden. Es ist beeindruckend, wie schnell Phenprocoumon sowohl bei unserem Patienten (Abb. 2) als auch bei dem Patienten von Branson (3) alle Blutungen zum Stillstand brachte. Wir haben diese Behandlung jetzt über ein Jahr hinweg fortgesetzt, und der Patient befand sich die ganze Zeit in anhaltender Remission.

Offen bleibt die Frage, warum ebenso wie bei dem Patienten von Branson, die Behandlung mit Heparin erfolglos war (3). Kürzlich wurde nachgewiesen, daß die Inaktivierung von Protein C in normalem Plasma durch Heparin verstärkt wird (10). Es ist jedoch fraglich, ob solch eine Wirkung bei einem Patienten, der bereits an Protein C-Mangel leidet, eine Rolle spielen kann.

LITERATUR

1. Trüeb, O., Willi, H., Siebenmann, R., Hitzig, W.H., Frick, P.G.: Helv. paediat. Acta 19, 223-242 (1964)
2. Van der Horst, R.L.: Arch. Dis. Childh. 37, 436-441 (1962)
3. Branson, H.E., Katz, J., Marble, R. Griffin, J.H.: Lancet II, 1165-1168 (1983)
4. Marciniak, E., Wilson, H.D., Marlar, R.A.: Blood 65, 15-20 (1985)
5. Estelles, S., Garcia-Plaza, I., Dasi, A., Aznar, J., Duart, M., Sanz, G., Perez-Requejo, J.L., Espana, F., Jimenez, C., Abeledo, G.: Thromb. Haemostas. 52, 53-56 (1984)
6. De Koning, J., Frederiks, E., Kerkhoven, P.: Helv. paediat. Acta 27, 177-185 (1972)
7. Naveh, Y., Takarsky, I., Friedman, A.: Helv. paediat. Acta 27, 193-196 (1972)
8. Seligsohn, U., Berger, A., Arend, M., Rubin, L., Attias, D., Zivelin, A., Rapaport, S.I.: New Engl. J. Med. 310, 559-562 (1984)
9. Broekmans, A.W., Bertina, R.M., Loeliger, E.A., Hofman, V., Klingemann, H.-G.: Thromb. Haemostas. 49, 251 (1983)
10. Comp, P.C., Nixon, R.R., Esmon, C.T.: Blood 63, 15-21 1984)

PROTEIN C BEI PATIENTEN UNTER L-ASPARAGINASE BEHANDLUNG

Theodor H. Schöndorf und Irene Witt

Zentrum für Innere Medizin der Justus-Liebig-Universität
6300 Giessen
Biochemisches Labor der Universitäts-Kinderklinik
7800 Freiburg

EINFÜHRUNG

L-Asparaginase wird bei der Behandlung der akuten lymphatischen Leukämie und einiger maligner Lymphome eingesetzt. Das Enzym L-Asparaginase hemmt durch Spaltung von L-Asparagin zu L-Asparaginsäure und Ammoniak das Zellwachstum. Die antineoplastische Wirkung beruht auf dem Entzug von Asparagin. Die proliferierenden Zellen des Knochenmarks und des intestinalen Epithels werden davon weniger betroffen als die Lymphoblasten.

Die Behandlung mit L-Asparaginase, einem Enzym, welches aus Escherichia coli gewonnen wird, kann von verschiedenen Nebenwirkungen begleitet sein wie: Fieber, anaphylaktische Reaktionen, Pankreatitis und Leberschädigung. Während der L-Asparaginasebehandlung wurden früher schon als zusätzliche Komplikation Hämorrhagien aufgrund einer Hypofibrinogenämie beobachtet (1).

In verschiedenen klinischen Untersuchungen wurde auch über das Auftreten einer intravaskulären Gerinnung berichtet. Da L-Asparaginase in den letzten Jahren vorwiegend für die Behandlung der akuten lymphatischen Leukämie und nicht mehr bei anderen akuten Leukämien, wie der Promyelocyten-Leukämie, verwendet wird, wurde eine Verbrauchskoagulopathie nicht beschrieben.

Studien mit markiertem Fibrinogen zeigten, daß der Fibrinogenabfall durch eine Synthesehemmung bedingt ist (2). Die Hemmung der Proteinsynthese durch L-Asparaginase verursacht nicht nur einen Mangel der Gerinnungsfaktoren, wie Fibrinogen, Faktor IX und Faktor XI (3, 4), sondern führt auch regelmäßig zur Verminderung des wichtigsten Plasmainhibitors, Antithrombin III, und des Hauptproteins des fibrinolytischen Systems, Plasminogen (5, 6, 7).

Protein C

In den letzten Jahren wurden thrombotische Ereignisse in Verbindung mit der L-Asparaginasebehandlung gehäuft beobachtet. Priest et al. (8, 9) beschrieben thrombotische Komplikationen bei Kindern unter Chemotherapie einschließlich L-Asparaginase. Bei 16 von 1400 Kindern wurden thrombotische Ereignisse beobachtet; das entspricht einer Komplikationsrate von 1,14 %. Conard et al. (10) berichteten über das Auftreten von 10 % thrombotischer Ereignisse bei 40 Erwachsenen. Unsere eigene Studie zeigte eine Häufigkeit von 27 % (4 von 15 Patienten) mit venösen oder arteriellen thrombotischen Komplikationen (11).
Niedrige Antithrombin III-Spiegel, hervorgerufen durch eine eingeschränkte Synthese, wurden als ein wichtiger pathogenetischer Faktor der thrombotischen Ereignisse unter oder nach Beendigung der L-Asparaginasebehandlung angesehen.
Ein kongenitaler Protein C-Mangel wird heute als ein weiterer wichtiger Faktor einer angeborenen Thrombophilie angesehen (12, 13). Das Ziel unserer Studie war, zu untersuchen, ob und in welchem Ausmaß die Protein C-Konzentration durch die L-Asparaginasebehandlung vermindert wird, und ob eine kontinuierliche oder eine intermittierende Applikation der L-Asparaginase die Protein C-Konzentration in gleicher oder unterschiedlicher Weise beeinflußt.

Bestimmungsmethoden

Die Konzentration an Protein C-Antigen (PCAg) wurde mit einem ELISA Kit entsprechend der Arbeitsvorschrift des Herstellers (Boehringer Mannheim) gemessen. Die Aktivitäten von Antithrombin III und Prothrombin wurden mit chromogenen Substraten bestimmt (Boehringer Mannheim).
Fibrinogen wurde mit dem Gerinnungstest nach Clauss gemessen und a_2-Makroglobulin wurde immunologisch mit dem Immunchemie-System (Beckman Instruments, München) bestimmt.

Patienten

In Tabelle 1 sind die klinischen Daten der Patienten zusammengefaßt. 7 erwachsene Patienten - 5 Männer und 2 Frauen - wurden untersucht. Das mittlere Alter betrug 32 Jahre (Altersspanne 16

bis 50 Jahre). Vor Behandlung hatten die Patienten keine thromboembolischen Komplikationen. Vier Patienten litten an akuter lymphatischer Leukämie, zwei Patienten an akuter nicht differenzierter Leukämie und ein Patient litt an einem lymphoblastischen Lymphom. 8 000 bis 10 000 U L-Asparaginase von E. coli wurden pro Tag durch Dauerinfusion für 6 - 10 Stunden, gewöhnlich während 10 - 12 aufeinanderfolgender Tage, verabreicht.
Die drei pädiatrischen Patienten litten an akuter lymphatischer Leukämie. 8 x 10 000 U L-Asparaginase pro m^2 wurden intermittierend in Abständen von drei Tagen über drei Stunden hinweg infundiert.

Tabelle 1: Klinische Daten der untersuchten Patienten

Patienten		Alter (Jahre)	Hämatologische Erkrankung	L-Asparaginase
Innere Med.				
G. H.	♀	16	akute lymphatische Leukämie (ALL)	8 000 - 10 000 U/Tag als Infusion/6 h über 10 - 12 Tage
M. D.	♂	22		
H. B.	♂	23		
W. J.	♂	18		
L. Sch.	♀	49	akute nicht diff. Leukämie	
W. B.	♂	46		
W. D.	♂	50	lymphoblastisches Lymphom	
Pädiatrie				
S.V.	♂	3	akute lymphat. Leukämie (ALL)	8 x 10 000 U/m^2 als Infusion/3 h jeden 3. Tag
D. B.	♀	5		
D. M.	♂	15		

ERGEBNISSE

Wie bereits aus vorangegangenen Untersuchungen bekannt ist, fielen die Fibrinogenkonzentration und die Antithrombin III-Aktivität bei den erwachsenen Patienten in der Anfangsphase der L-Asparaginasebehandlung kontinuierlich ab. Das Absinken entspricht der biologischen Halbwertszeit der Proteine. Bei allen untersuchten Patienten fiel auch die Protein C-Antigen-Konzentration zu Beginn der Therapie stark ab.
Das Verhalten von Protein C wird durch nachfolgende Beispiele demonstriert. Die in Abb. 1 dargestellten Patientenbefunde zeigen, daß die niedrigste Protein C-Konzentration von 40 % am 6. Tag der kontinuierlichen L-Asparaginasebehandlung erreicht wurde. Das Absinken von Protein C entspricht nicht seiner biologischen Halbwertszeit von einigen Stunden. Es muß daher angenommen werden, daß die Synthese vermindert, aber nicht vollständig unterbrochen wird.
Die Antithrombin III-Aktivität war am 5. Tag bis auf einen kritischen Wert von 5,8 U/ml Plasma vermindert. Deshalb wurde mit 1000 U Antithrombin III-Konzentrat substituiert. Zwei Einheiten von fresh frozen Plasma wurden zweimal transfundiert, was jedoch nicht zu einem relevanten Anstieg der Plasma -Protein C-Konzentration führte.
Das nächste Beispiel (Abb. 2) zeigt ebenfalls das Absinken der Antithrombin III-Aktivität. Am 4. Tag der Asparaginasebehandlung lag das Antithrombin III wieder unter 6 U/ml Plasma. Ein Ansteigen des Plasmaspiegels von Antithrombin III wurde durch Substitution erreicht.
Ein deutlicher Abfall von Protein C, und zwar auf 25 % der Norm, wurde am 5. Tag der Behandlung festgestellt. Der Spiegel lag vor der Behandlung bei 70 %. Gleichzeitig mit der Protein C-Verminderung fiel die Vitamin K-abhängige Prothrombinaktivität ab, aber die Erniedrigung war weniger stark ausgeprägt.
Das dritte Beispiel (Abb. 3) zeigt wiederum eine signifikante Verminderung der beiden Gerinnungsinhibitoren Antithrombin III und Protein C. Die niedrigsten Spiegel wurden am 5. Tag der kontinuierlichen L-Asparaginasebehandlung beobachtet.

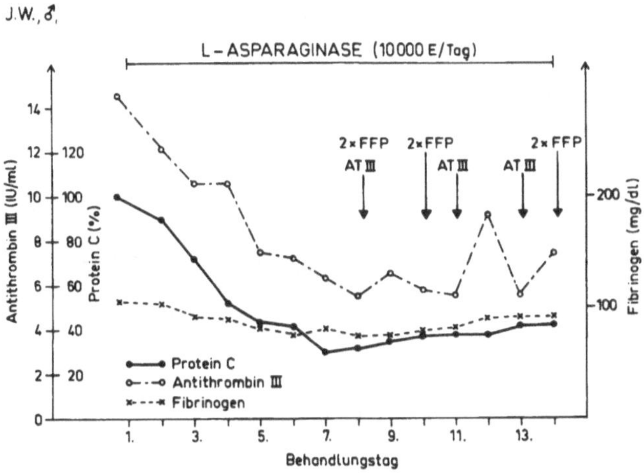

Abb. 1: Protein C-Antigen-Konzentration, Antithrombin III-Aktivität und Fibrinogenkonzentration bei einem erwachsenen Patienten während kontinuierlicher L-Asparaginasebehandlung. Substitution mit Antithrombin III-Konzentrat und fresh frozen Plasma.

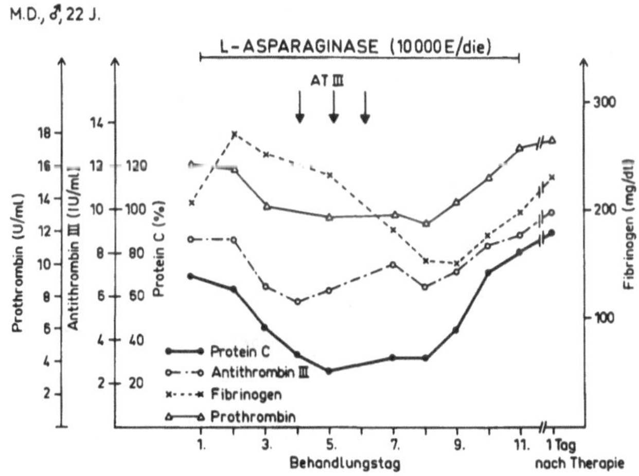

Abb. 2: Protein C-Antigen und Fibrinogenkonzentration sowie Antithrombin III- und Prothrombinaktivität bei einem erwachsenen Patienten unter kontinuierlicher L-Asparaginasebehandlung. Substitution mit Antithrombin III-Konzentrat.

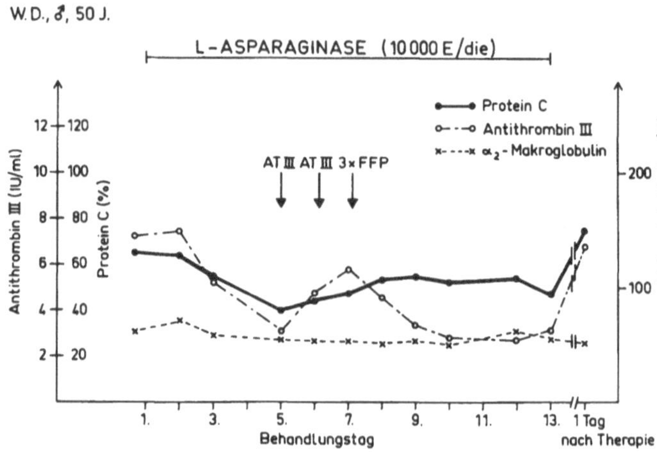

Abb. 3: Protein C-Antigen- und a_2-Makroglobulinkonzentration und Antithrombin III-Aktivität bei einem Patienten unter kontinuierlicher L-Asparaginasebehandlung. Substitution mit Antithrombin III-Konzentrat und fresh frozen Plasma.

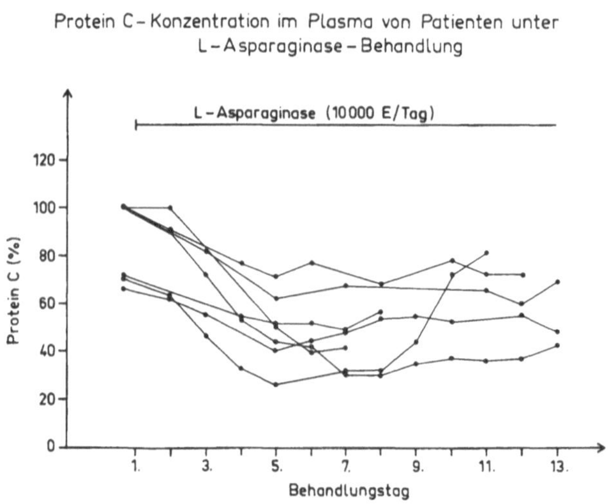

Abb. 4: Verhalten von Protein C-Antigen unter kontinuierlicher L-Asparaginasebehandlung bei sieben erwachsenen Patienten.

Als Antithrombin III unter 4 U/ml Plasma abfiel, wurde Antithrombin III-Konzentrat gegeben. Ein Anstieg der Protein C-Konzentration auf subnormale Spiegel wurde nach der Transfusion von 3 Einheiten fresh frozen Plasma erreicht.
Die Hemmung der Proteinsynthese durch L-Asparaginase ist auf die Leber beschränkt, denn die a_2-Makroglobulinkonzentration blieb während der dreizehntägigen Behandlung unverändert. Dieses Verhalten von a_2-Makroglobulin wird durch Beobachtungen bei anderen Patienten bestätigt. Es wird angenommen, daß a_2-Makroglobulin in den Makrophagen und nicht in der Leber synthetisiert wird.
Abb. 4 faßt das Verhalten der Protein C-Antigen-Konzentration unserer 7 erwachsenen Patienten während der L-Asparaginasetherapie zusammen. Während der kontinuierlichen Verabreichung der L-Asparaginase wurden die niedrigsten Protein C-Spiegel am häufigsten zwischen dem 5. und 7. Tag beobachtet. In den darauffolgenden Tagen trat keine weitere Verminderung auf. Protein C sank im Mittel um ca. 30 % der unterschiedlichen Ausgangswerte ab.
Ein Ansteigen der Protein C-Konzentration, das während der weiteren L-Asparaginasebehandlung zu beobachten war, ist durch die Substitutionstherapie mit fresh frozen Plasma zu erklären.
Keiner der sieben Patienten entwickelte ein klinisch auffälliges thromboembolisches Geschehen. Diese Beobachtung könnte durch die Tatsache erklärt werden, daß keiner der Patienten prädisponierende Risikofaktoren für thromboembolische Komplikationen aufwies.
Thromboembolische Komplikationen treten, wie bei Priest (9) beschrieben, sehr selten bei Kindern während der L-Asparaginasebehandlung auf, obwohl Antithrombin III während der Verabreichung des Medikamentes stark abfällt.
Abb. 5 zeigt die Antithrombin III-Aktivität im Plasma zweier Kinder und eines Jugendlichen. Das stärkste Absinken der Antithrombin III-Aktivität trat bei dem dreijährigen Kind auf. Die Antithrombin III-Aktivitäten vor Behandlung lagen aufgrund einer vorausgehenden und begleitenden Cortisol-Therapie über dem Normbereich. Die Protein C-Konzentration fällt auch während der intermittierenden L-Asparaginasebehandlung und unter Cortisol-Therapie

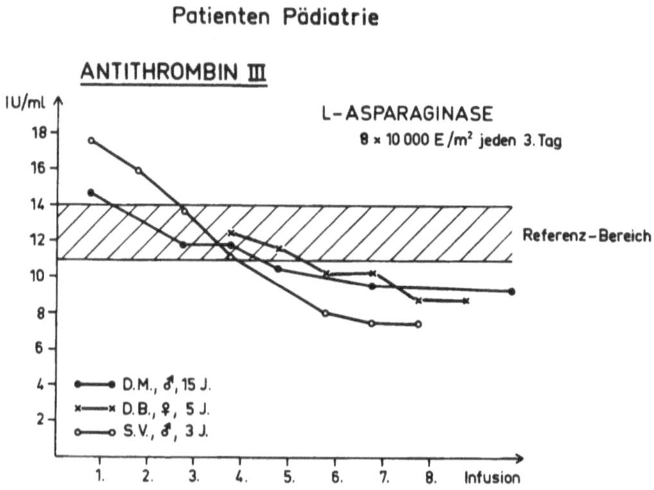

Abb. 5: Antithrombin III-Aktivität unter intermittierender L-Asparaginasebehandlung bei drei pädiatrischen Patienten.

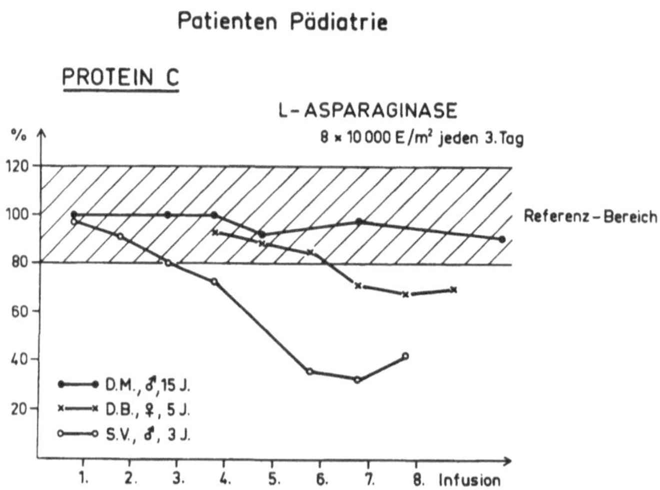

Abb. 6: Protein C-Antigen-Konzentration bei drei pädiatrischen Patienten während intermittierender L-Asparaginasebehandlung

bei Kindern ab (Abb. 6). Neben der ausgeprägten Antithrombin III-Verminderung sank die Protein C-Konzentration bei dem dreijährigen Kind ebenfalls signifikant ab.

SCHLUSSFOLGERUNGEN

Unsere Studie zeigt, daß die Synthese des Gerinnungsinhibitors Protein C während der Behandlung mit L-Asparaginase ebenfalls beeinträchtigt ist. Die Protein C-Antigen-Konzentration sank während der Langzeitverabreichung des Medikamentes beträchtlich ab. Die erwachsenen Patienten wiesen die niedrigsten Protein C-Konzentrationen zwischen dem 5. und 7. Tag der kontinuierlichen L-Asparaginasebehandlung auf. Eine intermittierende Dosierung, wie sie bei den pädiatrischen Patienten angewandt wurde, kann die Protein C-Konzentration ebenfalls herabsetzen. Zusätzlich zu der bereits bekannten Erniedrigung der Antithrombin III-Konzentration und -Aktivität bedeutet dies eine ausgeprägte Verminderung der hämostatischen Inhibitorkapazität.
Klinische Zeichen von thromboembolischen Ereignissen wurden bei unseren Patienten nicht beobachtet, obwohl beide Gerinnungsinhibitoren bis auf Werte abgefallen waren, die bei angeborenen Mangelzuständen vermehrt mit thromboembolischen Komplikationen einhergehen.
Der Grund dafür ist wahrscheinlich, daß unsere Patienten keine zusätzliche Prädisposition für thromboembolische Komplikationen hatten. Darüber hinaus wird unter L-Asparaginasebehandlung die Synthese von Fibrinogen und weiterer gerinnungsfördernder Proteine herabgesetzt. Abhängig von den Ausgangsaktivitäten der gerinnnungsfördernden Faktoren und Inhibitoren vor Behandlungsbeginn, die ebenfalls durch eine andere Medikation wie z. B. Cortisol beeinflußt sein können, und dem unterschiedlichen Ausmaß der Syntheseverminderung, kann das Gleichgewicht des hämostatischen Systems entweder in Richtung einer Prokoagulation mit Neigung zu Thrombosen oder einer Antikoagulation mit Neigung zu Hämorrhagien verlagert werden. Am Ende der L-Asparaginasebehandlung kommt es häufiger zu einem Absinken der Inhibitoren, was

eine Thromboseneigung fördert. Zusammen mit klinischen Risikofaktoren können dann thromboembolische Komplikationen auftreten. Basierend auf unseren Untersuchungsergebnissen kann keine allgemeine Empfehlung für die Substitutionstherapie gegeben werden. Eine Substitution von Antithrombin III oder Protein C bei Erwachsenen, die L-Asparaginase erhalten, scheint angezeigt, wenn das Absinken der Inhibitoren unter die Normwerte festgestellt wird und wenn gleichzeitig prädisponierende Faktoren für die Entwicklung einer Thromboembolie vorliegen. Risikofaktoren, wie fortgeschrittenes Alter, Thromboembolien in der Anamnese, Immobilisation, Adipositas oder niedrige Spiegel von Antithrombin III und/oder Protein C, die der L-Asparaginasebehandlung vorausgehen, müssen für die individuelle Indikation der Substitutionstherapie mit fresh frozen Plasma oder Antithrombin III-Konzentrat berücksichtigt werden.

LITERATUR

1. Bettigole, R.E., Himelstein, E.S., Oettgen, H.F., Clifford, G.O.: Clin. Res. 17, 399 (1969).

2. Bettigole, R.E., Himelstein, E.S., Oettgen, H.F., Clifford, G.O.: Blood 35, 195-200 (1970).

3. Gralnick, H.R., Henderson, E.: Cancer 27, 1312-1320 (1971).

4. Lechler, E., Schumacher, K., Hirschmann, W.D.: Med. Welt 22, 127-133 (1971).

5. Liebman, H.A., Wada, J.K., Patch, M.J., McGehee, W.: Cancer 50, 452-456 (1982).

6. Pitney, W.R., Phadke, K.P., Dean, S.: Lancet i, 493-494 (1980).

7. Vellenga, E., Mulder, N.H., Nieweg, H.O.: Lancet i, 649-650 (1980).

8. Priest, J., Edson, J.R., Levitt, C., Tubergen, D., Steinherz, P., Cairo, M., Bishop, A., Sitarz, A., White, L., Coccia, P., Krivit, W.: ASCO Abstracts, C-612 (1981).

9. Priest, J.R., Ramsay, N.K.C., Bennett, A.J., Krivit, W., Edson, J.R.: J. Pediatr. 100, 990-995 (1982).

10. Conard, J., Cazenave, B., Maury, J., Horellou, M.H., Samama, M.: Lancet i, 1091 (1980).

11. Schöndorf, T.H., Pralle, H., Graubner, M., Lasch, H.G.: Thromb. Haemostas. 50, 50 (1983).

12. Griffin, J.H., Evatt, B., Zimmerman, T.S., Kleiss, A.J., Widemann, C.: J. Clin. Invest. 68, 1370-1373 (1981).

13. Bertina, R.M., Broekmans, A.W., van der Linden, I.K., Mertens, K.: Thromb. Haemostas. 48, 1-5 (1982).

PROTEIN C BEI VERSCHIEDENEN LEBERKRANKHEITEN

Gerd Oehler, Karl Matthes

Zentrum für Innere Medizin der Justus Liebig-Universität
6300 Giessen

EINLEITUNG

Es wird angenommen, daß Protein C durch die Leber synthetisiert wird. In einer Studie konnte gezeigt werden, daß insbesondere bei Patienten mit schweren Leberschädigungen die Protein C-Spiegel absinken (1). Derzeit liegen nur wenige Daten vor über das Protein C-Verhalten bei verschiedenen Lebererkrankungen (2). Daher haben wir Leberkrankheiten in einige Untergruppierungen aufgeteilt, um weitere Informationen über die Zusammenhänge zwischen einer gestörten Leberfunktion und der Protein C-Konzentration zu erhalten. Die Protein C-Werte wurden mit Cholinesterase und Präalbumin verglichen, da diese Parameter die Synthesekapazität der Leber repräsentieren.

METHODIK

69 Patienten mit verschiedenen akuten und chronischen Leberkrankheiten wurden untersucht. Die akute Hepatitis wurde aufgrund klinischer und biochemischer Kriterien diagnostiziert. Alle anderen Krankheiten wurden histologisch und laparoskopisch gesichert. Die folgenden Diagnosen wurden gestellt:

Akute Virushepatitis	7 Patienten
Akute Hepatitis, Ausheilungsstadium	7 Patienten
Chronisch aktive Hepatitis	11 Patienten

Protein C

Chronisch persistierende Hepatitis	14 Patienten
Chronisch aktive Hepatitis in der Remissionsphase	6 Patienten
Alkoholische Hepatitis	7 Patienten
Alkoholische Hepatitis in der Remissionsphase	7 Patienten
Leberzirrhose	13 Patienten
Leberzirrhose im inaktiven Stadium	4 Patienten
Hämochromatose	6 Patienten
Biliäre Zirrhose und chronisch aktive Hepatitis mit Cholostase*	6 Patienten

*Diese Gruppe war durch positive antimitochondriale Antikörper charakterisiert.

Bei vielen Patienten haben wir verschiedene Messungen an aufeinanderfolgenden Tagen durchgeführt.
Das Protein C wurde im venösen Zitratplasma (1:10) mit dem ELISA-Test (3) von Boehringer Mannheim nach den Vorschriften des Herstellers bestimmt. Die Cholinesterase wurde mit einer Standardmethode (Substrat Butyrylthiocholin) gemessen. Präalbumin wurde durch radiale Immundiffusion gemessen.

ERGEBNISSE

Bei der akuten Hepatitis war das Protein C etwa auf 50 % des Normalbereiches reduziert. In der Erholungsphase nach Normalisierung der Transaminasen betrugen die Protein C-Werte 103 %. Die Patienten mit chronisch aktiver Hepatitis wiesen Protein C-Werte von 79 $\pm$ 15 % auf, während bei der chronisch persistierenden Hepatitis der mittlere Protein C-Wert 90 $\pm$ 10 % war. Ähnliche Werte fanden wir bei der chronisch aktiven Hepatitis in der Remissionsphase (Abb. 1).

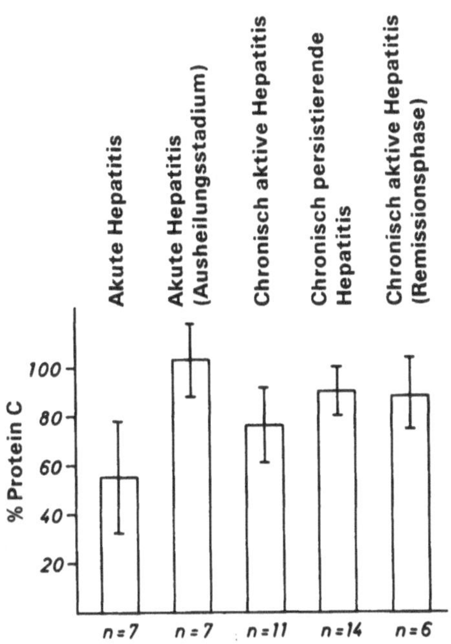

Abb. 1: Protein C bei Leberkrankheiten

Bei alkoholischer Hepatitis war die Protein C-Konzentration 69 ± 32 % und in der Remissionsphase erreichte das Protein C normale Werte von etwa 100 % (Abb. 2).

Bei der Leberzirrhose wurden die niedrigsten Protein C-Werte gemessen. Die Konzentrationen lagen bei 30 %. Im inaktiven Stadium stiegen die Protein C-Konzentrationen bis auf 94 % an. Die Patienten mit Hämochromatose, die alle mit Aderlässen behandelt wurden, hatten Protein C-Werte von 77 ± 23 %. Bei Patienten mit biliärer Zirrhose und chronisch aktiver Hepatitis mit Cholostase mit positiven antimitochondrialen Antikörpern zeigten sich relativ hohe Protein C-Werte (92 ± 13 %) (Abb. 3).
Die Protein C-Werte korrelierten nicht signifikant mit Cholinesterase und Präalbumin.

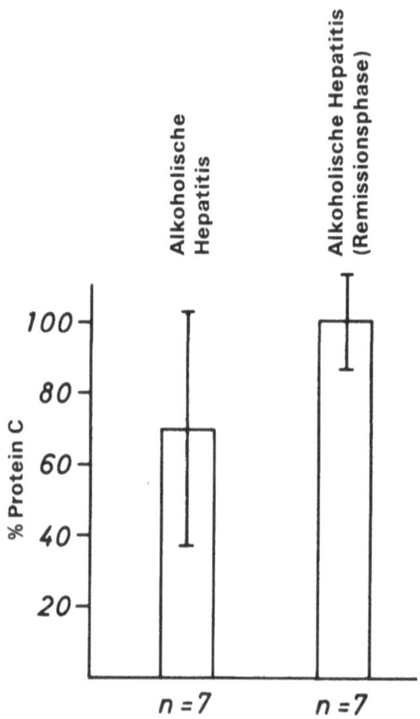

Abb. 2: Protein C bei Hepatitis

Wie bereits erwähnt wurde, wiesen die Patienten mit biliärer Zirrhose überraschend hohe Protein C-Werte auf. Daher haben wir diese Gruppe abgetrennt. Die restlichen Patienten wurden in drei Untergruppierungen mit unterschiedlich hohen Cholinesteraseaktivitäten aufgeteilt (Abb. 4). Wir fanden in diesen drei Gruppen signifikante Unterschiede des Protein C. Obwohl die Cholinesteraseaktivitäten der Gruppe mit der biliären Zirrhose im mittleren Bereich lagen, waren bei diesen Patienten die Protein C-Konzentrationen sehr hoch.

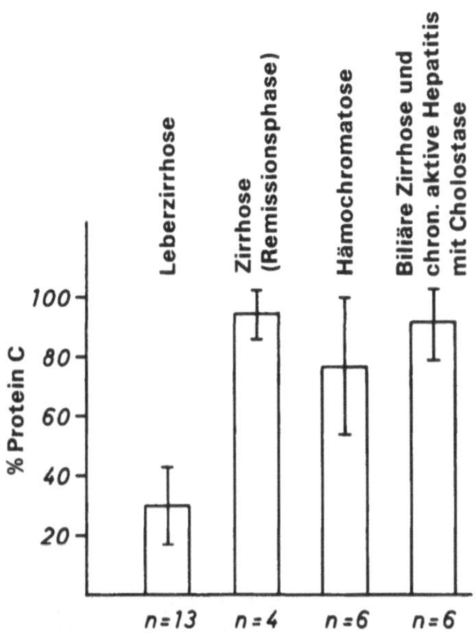

Abb. 3: Protein C bei Leberkrankheiten

DISKUSSION

Unsere Untersuchungen haben gezeigt, daß bei einigen Leberkrankheiten niedrige Protein C-Spiegel vorliegen. In Übereinstimmung mit den Ergebnissen von Mannucci (1) wurde bei der Leberzirrhose ein besonders ausgeprägter Abfall des Protein C gefunden. Bei unseren Patienten waren die Werte sogar noch niedriger (30 % gegenüber 50 % in der Studie von Mannucci). Auch bei der akuten Hepatitis wurde ein erhebliches Absinken des Protein C festgestellt, während bei den anderen Krankheiten wie chronisch aktive Hepatitis, alkoholische Hepatitis und Hämochromatose nur eine geringfügige Verminderung nachweisbar war. Es ist interessant, daß sowohl bei der akuten Hepatitis als auch bei der alkoholi-

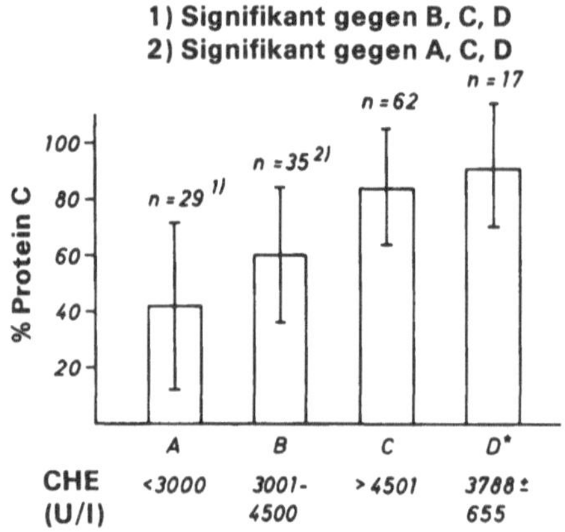

Abb. 4: Protein C bei Leberkrankheiten. Untergruppierungen nach der Höhe der Cholinesterase. D = Biliäre Zirrhose bzw. chronisch aktive Hepatitis mit Cholostase.

schen Hepatitis eine Normalisierung des Protein C unmittelbar nach der Erholung von der akuten Krankheitsphase eintritt.
Auch fand sich ein (allerdings nicht signifikanter) Unterschied zwischen der chronisch aktiven Hepatitis in der floriden Phase und in der beruhigten Phase. Es konnte keine signifikante Korrelation gezeigt werden zwischen Protein C und Cholinesterase bzw. Präalbumin, die als exemplarische Proteine für die Syntheseleistung der Leber gelten. Dies deutet darauf hin, daß die Protein C-Konzentration zusätzlichen Einflüssen unterliegt. Vermutlich führt in einigen Fällen eine disseminierte intravasale Gerinnung zu einem gesteigerten Protein C-Umsatz.
Für klinische Belange können die Protein C-Werte verschiedenen Gruppierungen von Leberschädigungen zugeordnet werden, die charakterisiert werden durch die Fähigkeit zur Proteinsynthese (wie z.B. der Cholinesterasesynthese). In den drei Untergruppierungen,

die wir festlegten, waren die Protein C-Konzentrationen signifikant unterschiedlich.
Es ist äußerst bemerkenswert, daß Patienten mit biliärer Zirrhose sehr hohe Protein C-Spiegel aufweisen. Eine Erklärung für diese Tatsache können wir derzeit nicht angeben. Es ist aber zu erwähnen, daß auch das Antithrombin III, der andere wichtige Inhibitor des Gerinnungssystems, ebenfalls bei der Cholostase ansteigt.

LITERATUR

1. Amiral, J.: Symposium: Recent developments on Protein C, Paris, Oktober 1983

2. Pabinger-Fasching, J.: Hämostaseologie 4, 50-53 (1984)

3. Mannucci, P.M., Vigano, S.: Lancet II, 463-466 (1982)

BESTIMMUNG VON PROTEIN C BEI PATIENTEN MIT THROMBOTISCHEN ERKRANKUNGEN UND DISSEMINIERTER INTRAVASKULÄRER GERINNUNG

Ingrid Pabinger-Fasching, Ulrike Stoffels, Klaus Lechner

1. Medizinische Universitätsklinik
A-1090 Wien

Es soll über Protein C-Spiegel in drei verschiedenen Patientengruppen berichtet werden:

I Patienten mit venösen Thrombosen und/oder Lungenembolien in der Anamnese
II Patienten mit nephrotischem Syndrom
III Patienten mit akuter Myeloblastenleukämie mit und ohne disseminierter intravaskulärer Gerinnung

Für die Protein C:Ag-Bestimmung wendeten wir die Laurell Protein C:Ag-Immunelektrophorese an (1, 2). Der Protein C-Antikörper wurde uns freundlicherweise von Dr. Bertina (Leiden, Niederlande) zur Verfügung gestellt. Die Protein C-Aktivität wurde mit der von Francis et al. 1984 (3) beschriebenen Methode in leicht modifizierter Form bestimmt: Die Vitamin K-abhängigen Faktoren wurden mit $Al(OH)_3$ adsorbiert, mit Na-K-Phosphatpuffer eluiert und mit Alpha-Thrombin aktiviert. Die Aktivierung wurde mit AT III und Heparin gestoppt. Heparin wurde mit Protamin neutralisiert und die Protein C-Aktivität wurde durch ihre Eigenschaft, die aPTT zu verlängern, bestimmt.

I Protein C bei Patienten mit Venenthrombosen und/oder Lungenembolien in der Anamnese

I. 1. Häufigkeit des Auftretens

Wir untersuchten 338 Patienten mit wenigstens einem schweren

Tabelle 1: Häufigkeit des Auftretens von angeborenem Protein C- und AT III-Mangel bei Patienten mit Venenthrombosen in der Anamnese.

	Protein C	AT III
Untersuchte Patienten	338	752
Diagnostisch gesicherter angeborener Mangel*	5 (1,5 %)	10 (1,33 %)
Wahrscheinlicher angeb. Mangel**	0	9 (1,2 %)

* 2 oder mehr Familienmitglieder mit nachgewiesenem Mangel

** nachgewiesener Mangel und thromboembolische Ereignisse in der Familienanamnese

thromboembolischen Ereignis und fanden 5 Patienten mit nachgewiesenem angeborenen Protein C-Mangel, was einer Häufigkeit von 1,5 % entspricht (Tabelle 1).

Von 752 Patienten mit venösen Thromboembolien in der Anamnese, bei denen Protein C bestimmt wurde, fanden wir 10 mit diagnostisch gesichertem und 9 mit wahrscheinlichem AT III-Mangel. Das Auftreten von angeborenem Protein C-Mangel scheint gleich oder etwas weniger häufig als das Auftreten von AT III-Mangel zu sein. Die nachfolgende Untersuchung der Familienmitglieder der fünf Patienten mit Protein C-Mangel führte zur Entdeckung weiterer 15 Personen mit Protein C-Mangel.

I. 2. Klinisches Bild des angeborenen Protein C-Mangels

Von 20 Patienten mit Protein C-Mangel hatten 11 mindestens ein thromboembolisches Ereignis durchgemacht. Die meisten dieser Patienten zeigten eine ausgeprägte Thromboseneigung und ihre Anamnese entsprach dem klinischen Bild des heterozygoten Protein C-Mangels, wie es in der Literatur beschrieben ist.

Es sollen nur zwei Familien mit besonderen Symptomen dieser Erkrankung erwähnt werden:

- Bei einem männlichen Patienten trat eine Mesenterialvenenthrombose (MVT) auf. Der Vater dieses Patienten war an einer MVT gestorben. Die Diagnose wurde durch die Autopsie gestellt. Wir wissen, daß MVT in 8 % aller thromboembolischen Ereignisse bei Patienten mit AT III-Mangel und Thromboembolien (4) auftreten. Hinsichtlich des Entstehungsortes von Thrombosen scheint es keinen großen Unterschied zwischen Protein C-Mangel und AT III-Mangel zu geben.

- Das weibliche Mitglied einer ägyptischen Familie mit Protein C-Mangel erkrankte nach der Entbindung an einer tiefen Venenthrombose (TVT). Nach Streptokinasetherapie und Thrombektomie wurde die orale Antikoagulantientherapie am 6. postoperativen Tag mit 12 mg Phenprocoumon eingeleitet. Am 4. Tag der Kumarinbehandlung entwickelte sie eine schmerzhafte Verfärbung dreier Zehen und am 5. Tag stellte sich das Vollbild einer Kumarinnekrose dar. In der Familienanamnese fand sich keine Thromboseneignung, obwohl zwei Schwestern (29 und 26 Jahre alt) einen Protein C-Mangel aufwiesen. Eine hatte eine normale Schwangerschaft und Entbindung gehabt. Der Protein C-Spiegel bei der Mutter war normal, der Vater war nach einer Beinamputation verstorben; an thromboembolische Geschehen konnte man sich nicht erinnern.

I. 3. Therapeutische Aspekte

Vom theoretischen Gesichtspunkt aus sollte Heparin ein wirksames Antikoagulans sein. Unsere Erfahrung mit Patienten mit Protein C-Mangel unterstützt diese Annahme:
Vier Patienten mit angeborenem Protein C-Mangel unterzogen sich Operationen (Appendektomie im Erwachsenenalter, Hüftgelenksoperation, Knieoperation, Brustoperation) unter der üblichen niedrig dosierten Heparinprophylaxe (3 x 5000 IU Dep.-Heparin s. c.),

und keiner der Patienten entwickelte thrombotische Komplikationen. Der Patient mit der MVT sprach gut auf die Heparinbehandlung an.
Wir können bestätigen, daß die orale Antikoagulantienbehandlung eine wirksame Präventivmaßnahme zur Verhinderung großer thromboembolischer Ereignisse darstellt. Vier unserer Patienten mit Protein C-Mangel wurden während der Langzeitbehandlung mit oralen Antikoagulantien beobachtet, und bei keinem dieser Patienten war ein schweres thromboembolisches Ereignis aufgetreten. Bei einer Patientin beobachteten wir trotz stabiler Antikoagulantienbehandlung das zweimalige Auftreten oberflächlicher Thrombophlebitiden.

II Protein C-Spiegel bei Patienten mit nephrotischem Syndrom

Es ist bekannt, daß bei Patienten mit nephrotischem Syndrom ein ausgeprägtes Thromboserisiko besteht. Erworbener AT III-Mangel, bedingt durch renale Ausscheidung, wird als Hauptursache für den thrombophilen Zustand angesehen (5, 6). Da Protein C ein dem Albumin und AT III ähnlich niedriges Molekulargewicht hat, könnte es bei Patienten mit schwerer Proteinurie über den Urin ausgeschieden werden, was ein Abfallen des Plasmaspiegels zur Folge haben würde. Wir untersuchten deshalb die Protein C-Spiegel im Plasma und Harn bei 8 Patienten mit nephrotischem Syndrom (Proteinurie mehr als 5 g/Tag). Die Studie umfaßte drei Kinder und fünf Erwachsene, das mittlere Alter war 30 Jahre, die Altersspanne lag zwischen 4 und 75 Jahren. Zur Zeit der Untersuchung litt ein Patient an einer tiefen Venenthrombose und ein anderer Patient wurde mit Corticosteroiden behandelt.
Die Protein-C:Ag-Konzentration im Patientenplasma war, verglichen mit 13 gesunden, normalen Erwachsenen, signifikant ($p < 0{,}001$) erhöht (Abb. 1). Bei sechs von acht Patienten lagen die Spiegel über dem Normbereich. Bei drei Patienten wurden Bestimmungen der Protein C-Aktivität durchgeführt, wobei eine erhöhte, mit der Protein-C:Ag-Konzentration gut vergleichbare Protein C-Aktivität gefunden wurde. Die AT III-Spiegel waren, wie erwartet, vermindert. Es zeigte sich eine signifikante inverse Korrelation der

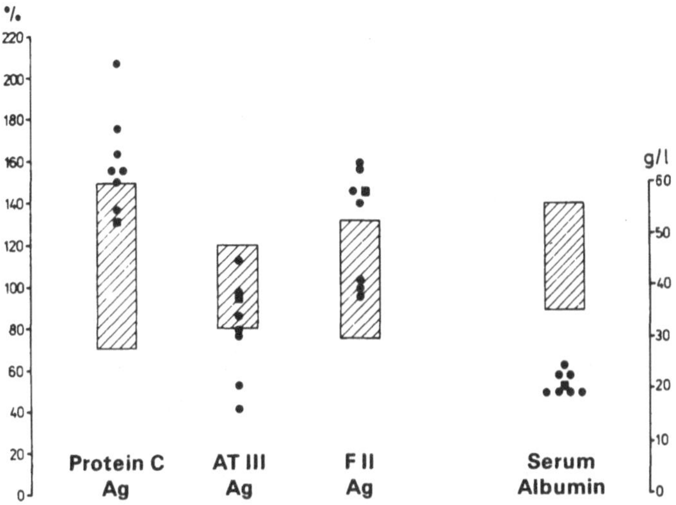

Abb. 1 Protein C:Ag, AT III:Ag, F II:Ag und Serum-Albumin bei 8 Patienten mit nephrotischem Syndrom

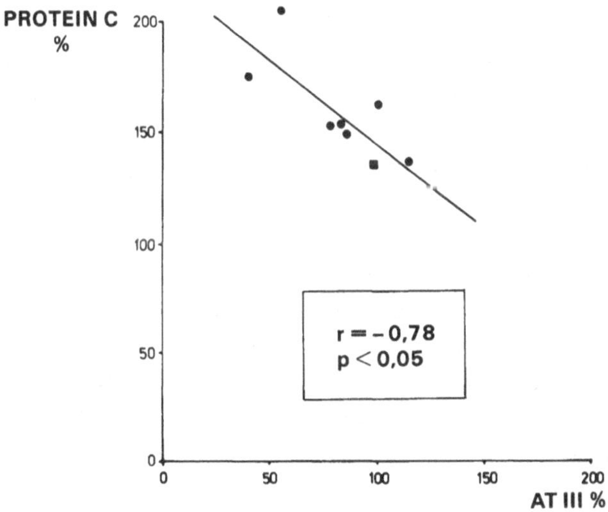

Abb. 2: Korrelation von Protein C zu AT III bei 8 Patienten mit nephrotischem Syndrom

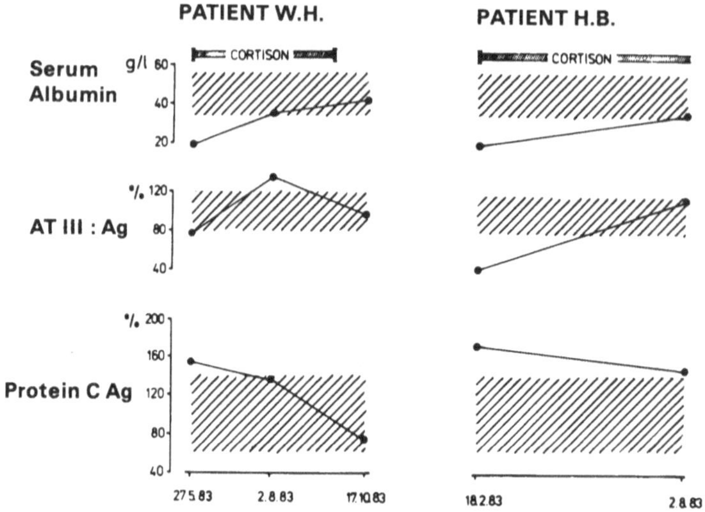

Abb. 3: Verlaufsstudien von Serum-Albumin, AT III:Ag und Protein C:Ag bei zwei Kindern

Plasmaspiegel von Protein C:Ag zu AT III:Ag ($r = -0{,}78$, $p < 0{,}05$) (Abb.2). Die Plasmakonzentration von F II:Ag war bei fünf Patienten erhöht, aber es konnte keine signifikante Korrelation mit Protein C:Ag gefunden werden.

Harnproben von zwei Kindern wurden wiederholt auf Protein C:Ag untersucht. In sechs verschiedenen Harnproben der beiden Patienten konnte kein Protein C:Ag nachgewiesen werden, wogegen AT III:Ag wiederholt feststellbar war.

Verlaufsstudien wurden bei zwei Kindern unter Steroidbehandlung durchgeführt. Die Behandlung führte bei einem Patienten zu einer vollständigen und beim zweiten Kind zu einer teilweisen Remission. Serum-Albumin und AT III:Ag stiegen auf normale Spiegel an, dagegen fiel der vor Behandlung erhöhte Protein C:Ag-Spiegel zum Normbereich hin ab.

Aus den Ergebnissen unserer Untersuchungen schließen wir, daß Änderungen der Protein C-Plasmaspiegel nicht für die hohe Thromboseneignung bei Patienten mit nephrotischem Syndrom verantwortlich sein können.

III Protein C bei Patienten mit akuter Myeloblastenleukämie mit und ohne disseminierter intravaskulärer Gerinnung

Es wurde beschrieben, daß Protein C bei Patienten mit disseminierter intravaskulärer Gerinnung (DIC), die häufig bei Patienten mit akuter myeloblastischer Leukämie (AML) auftritt (7, 8), vermindert ist. Wir untersuchten 36 Patienten mit AML, davon waren 24 mit DIC und 12 ohne DIC.

Die Diagnose DIC wurde gestellt, wenn

1. Fibrinogen unter 150 mg/dl lag
2. FPA erhöht war und
3. der Äthanol-Gelationstest positiv und/oder FDP erhöht waren.

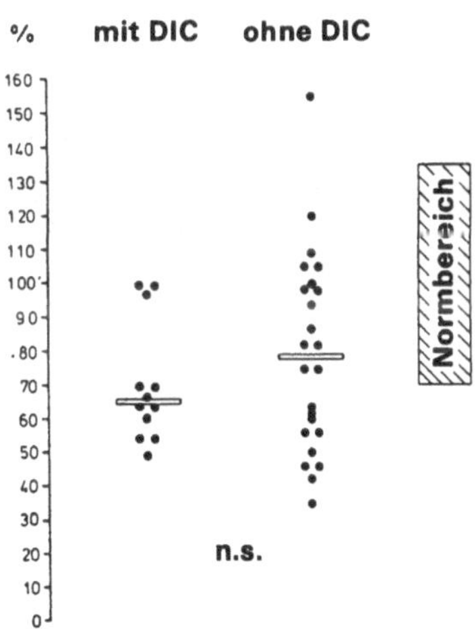

Abb. 4 Protein C bei Patienten mit AML

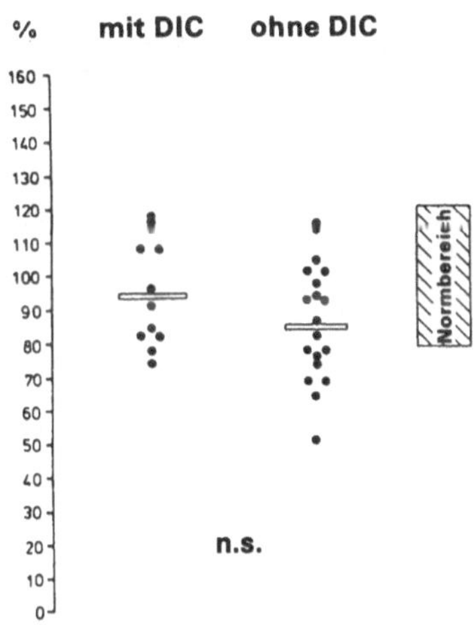

Abb. 5: AT III bei Patienten mit AML

Die mittlere Protein C:Ag-Konzentration bei Patienten mit AML mit und ohne DIC war signifikant niedriger im Vergleich zu der Protein C:Ag-Konzentration bei gesunden Erwachsenen. Der mittlere Protein C-Spiegel lag bei Patienten mit DIC bei 66 % (Bereich 48 - 100 %) und war damit niedriger als bei Patienten ohne DIC (Mittelwert 78,5 %, Bereich 35 - 155 %) (Abb. 4). In beiden Gruppen war der Bereich der Protein C-Konzentrationen groß, der Unterschied war nicht signifikant.
Die AT III-Aktivität war fast gleich bei Patienten mit und ohne DIC (Abb. 5).
Eine hochsignifikante Korrelation von AT III und Protein C wurde beobachtet, unabhängig davon, ob eine DIC vorhanden war oder nicht (Abb. 6).

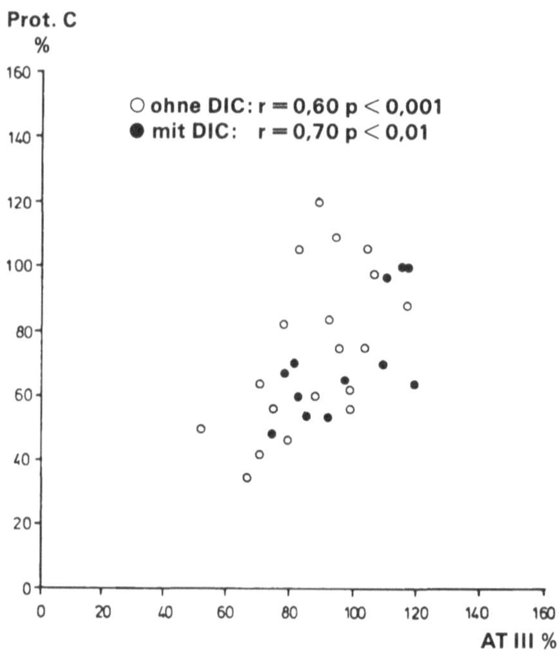

Abb. 6: Korrelation von Protein C mit AT III bei AML

Es bestand eine signifikante Korrelation zwischen Protein C und dem Normotest bei Patienten ohne DIC, aber keine Korrelation bei den Patienten mit DIC (Abb. 7). F II:Ag zeigte keinerlei Korrelation zu Protein C.
Es ist daher wahrscheinlich, daß bei Patienten ohne DIC die Plasmakonzentration von Protein C und AT III die Protein-Synthesekapazität der Leber wiederspiegelt.
Bei Patienten mit DIC können möglicherweise andere Faktoren als die Leberfunktion die Protein C-Plasmakonzentration beeinflussen. Diese Faktoren konnten nicht identifiziert werden, da Infektionen und Blutungen mit dem Protein C-Spiegel in keiner Beziehung standen. Aus unseren Untersuchungsergebnissen läßt sich schließen, daß die Bestimmung von Protein C bei Patienten mit AML nicht von großem diagnostischen Wert ist.

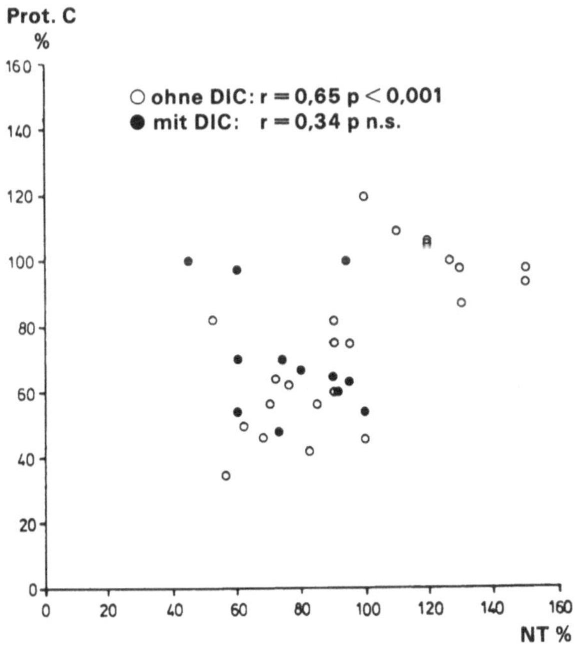

Abb. 7: Korrelation von Protein C mit dem Normotest bei AML

LITERATUR

1. Bertina, R.M., Broekmans, A.W., van der Linden, I.K., Mertens, K.: Thromb. Haemostas. 48, 1-5 (1982).

2. Pabinger-Fasching, I., Bertina, R.M., Lechner, K., Niessner, H., Korninger, Ch.: Thromb. Haemostas. 50, 810-813 (1983).

3. Francis, B.R., Patch, M.J.: Thromb. Res. 32, 605-613 (1983).

4. Thaler, E., Lechner, K.: Clin. Haematol. 10, 369-390 (1981).

5. Kaufmann, H.R., Veltkamp, J.J., van Tilburg, H.N., van Es, L.A.: Amer. J. Med. 65, 607-613 (1978).

6. Thaler, E., Balzar, E., Kopsa, H., Pinggera, W.F.: Hemostasis 7, 257-272 (1978).

7. Mannucci, P.M., Vigano, S.: Lancet 2, 463-467 (1982).

8. Griffin, J.H., Mosher, D.F., Zimmerman, T.S., Kleiss, A.J.: Blood 60, 261-264 (1982).

UNTERSUCHUNGEN ÜBER DIE HÄUFIGKEIT DES AUFTRETENS VON VERSCHIEDENEN ANGEBORENEN STÖRUNGEN DER FIBRINOLYSE BEI JUVENILEN PATIENTEN MIT THROMBOSEN

Inge Scharrer

Abteilung für Angiologie, Zentrum der Inneren Medizin,
Universitätsklinik
6000 Frankfurt/Main

Bei Patienten im Alter bis zu 45 Jahren mit rezidivierenden Thrombosen und mit familiärer Disposition kann oft nur ein oder überhaupt kein Risikofaktor gefunden werden.

Es ist deshalb anzunehmen, daß angeborene Defekte des Gerinnungs- und des Fibrinolysesystems eine Schlüsselrolle in der Thrombogenese spielen. Folgende hämostaseologischen Faktoren können für das Auftreten von rezidivierenden Venenthrombosen verantwortlich sein: Antithrombin III-Mangel oder abnormale AT III-Moleküle, Plasminogenmangel oder abnormale Plasminogenmoleküle, verzögerte Freisetzung oder verminderter Gehalt von vaskulärem Plasminogenaktivator oder vermehrter TPA-Inhibitor, Dysfibrinogenämie, Protein C-Mangel oder abnormale Protein C-Moleküle. Die Thrombosen fallen durch folgende klinische Charakteristika auf: Rezidivneigung, häufiges Auftreten von Lungenembolien, Therapieresistenz gegenüber Lyse-Therapie, familiäre Prädisposition und Erstmanifestation in einem Alter unter 40 Jahren.

Tab. 1 zeigt die Häufigkeit des Auftretens von angeborenen Fibrinolysestörungen bei 200 untersuchten juvenilen Patienten mit tiefen Venenthrombosen in der Anamnese, die durch Phlebographie bestätigt wurden.

Diese Zahlen beinhalten nur die Thrombosepatienten, nicht deren Familienmitglieder. Unser Kollektiv umfaßte 205 Patienten, 113 männliche und 92 weibliche. Das Alter bei der Thrombose-Erstmanifestation lag unter 45 Jahren. 46 Patienten wurden 1 bis 4 Wochen nach Auftreten einer Thrombose und 159 Patienten nach mehr als 4 Wochen nach dem Thrombosegeschehen untersucht (2). Tab. 2 zeigt die Thromboselokalisation.

Protein C

Tabelle 1: Häufigkeit des Auftretens von angeborenen Fibrinolysestörungen bei juvenilen Thrombosepatienten (Diagnose: TVT - Diagnose durch Phlebographie und klinische Untersuchungen)

Plasminogen ↓	1 %	(2/197)
Abnormales Plasminogen	1 %	(2/197)
AT III ↓	3 %	(6/200)
Protein C ↓	6 %	(8/132)
Freisetzung von Plasminogenaktivator ↓	15 %	(17/110)

Tabelle 2: Thromboselokalisation bei juvenilen Patienten

Tiefe Venenthrombose	n = 148
Armvenenthrombose	n = 26
Multiple Thrombosen	n = 9
Mesenterial V. T.	n = 1
Lungenembolien und Thrombosen unbekannter Lokalisation	n = 18
Rezidivierende Thrombosen:	n = 81 = 41 %

Die Verteilung der Risikofaktoren ist in Tab. 3 aufgelistet.

Tabelle 3: Risikofaktoren bei juvenilen Patienten mit Venenthrombosen

Keine	n = 127
Posttraumatisch/postoperativ	n = 33
Ovulationshemmer/Schwangerschaft	n = 31
Familiäre Disposition	n = 10
Malignität	n = 4

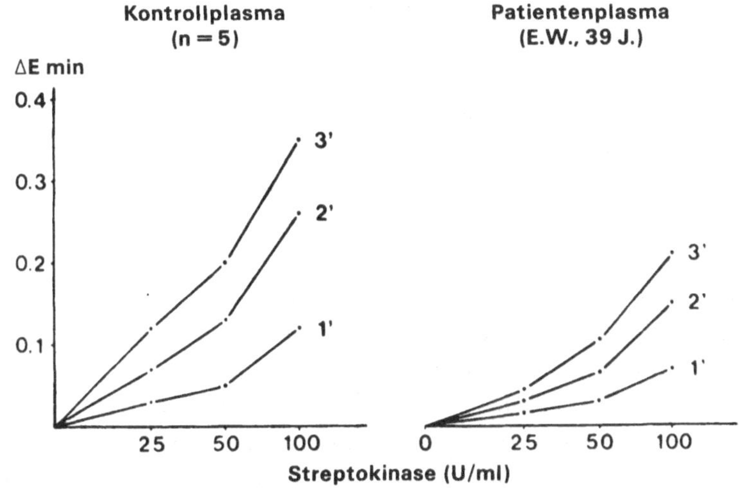

Abb. 1: Plasminbildung nach Zusatz von Streptokinase

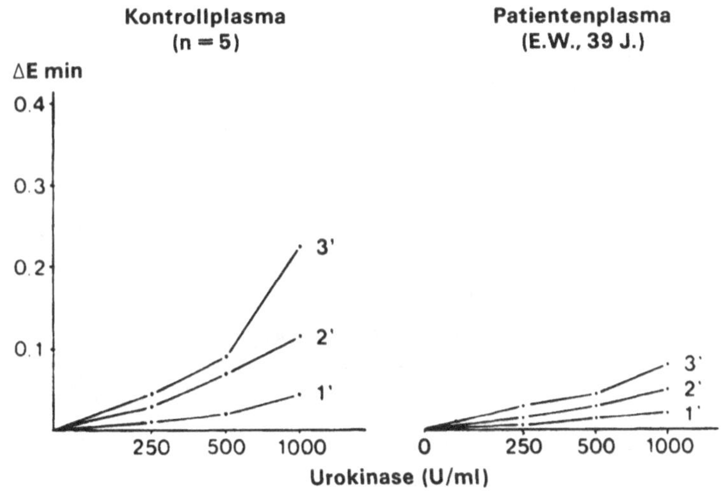

Abb. 2: Plasminbildung nach Zusatz von Urokinase

Die statistischen Berechnungen wurden mit dem KOLMAGOROFF-SMIRNOFF-Test und dem T-Test durchgeführt.
Einer der schon lange publizierten Kausalfaktoren für die Thrombogenese ist der Antithrombin III-Mangel.
In der Literatur wurde die Häufigkeit des Auftretens dieses angeborenen Defekts mit der Häufigkeit des Auftretens von Hämophilie A gleichgesetzt.
Die Häufigkeit bei Thrombosepatienten wurde auf 2 bis 5 % geschätzt. Bei unseren Patienten ergab sich eine Häufigkeit von 3 %. Einer unserer Patienten litt seit dem 12. Lebensjahr an rezidivierenden tiefen Venenthrombosen.
Der AT III-Mangel kann in drei verschiedene Typen eingeteilt werden. Typ I: funktionell und Antigen erniedrigt; Typ II: funktionell erniedrigt und Antigen normal; Typ III: Grenzfall oder umgekehrter Typ (?) - funktionell erniedrigt, Antigen niedriger; Typ II kann weiterhin in drei Untergruppen klassifiziert werden (Tab. 4).

Tabelle 4: Typen des AT III-Mangels

Typ		Merkmale
Typ Ia	-	Heparinaffinität normal
Ib	-	Heparinaffinität ↓
Typ IIa	-	F Xa und Thrombininaktivierung ↓ Heparin-AT III-Reaktion und immunchemische Struktur abnormal
Typ IIb	-	F Xa und Thrombininaktivierung ↓ Heparin-AT III-Reaktion und immunchemische Struktur normal
Typ IIc	-	isolierte Störung der Heparin-AT III-Reaktion Heparinaffinität ↓ und/oder Heparin-Kofaktor ↓ normale Thrombin- oder F Xa-Inaktivierung normale immunchemische Struktur

Die mangelhafte FXa- und Thrombininaktivierung und die gestörte Heparin-AT III-Reaktion können hierbei unterschieden werden. Die abnormalen AT III-Moleküle wurden nach den Städten benannt, in denen diese Patienten zuerst untersucht wurden.
Während der Dicoumarin-Behandlung kann der AT III-Spiegel ansteigen. Diese Tatsache muß in Betracht gezogen werden, wenn das Blut von Patienten unter Antikoagulantienbehandlung untersucht wird. Beim erworbenen AT III-Mangel können eine verminderte Synthese (z. B. Bei Leberzirrhose), ein erhöhter Verbrauch (z. B. bei DIC) und ein verstärkter Verlust (z. B. bei nephrotischem Syndrom) differenziert werden.
Ein anderer an der Thrombogenese beteiligter Faktor ist das Plasminogenmolekül. Der verminderte Plasminogengehalt im Blut oder das abnormale Plasminogenmolekül können für das Auftreten einer Thrombose verantwortlich sein. Bei zwei Familien mit erhöhter Thrombosehäufigkeit fanden wir einen erniedrigten Plasminogenspiegel, sowohl bei Messung des Antigens als auch bei der Messung der funktionellen Aktivität.

Tabelle 5: Vergleich von Plasminogen (funktionell und Antigen-Konzentration) und Plasminbildungsgeschwindigkeit im Plasma von Patienten mit abnormalen Plasminogenvarianten.

	Plasminogen mg/dl		Plasminbildungsgeschwindigkeit	
	Funktionell	Antigen	UK %	SK %
Normalbereich	16.7-23.8	17.4-21.6	0.25-0.47	5.3-9.7
Chicago I	7.6	18.7	0.1	2.7
Frankfurt I (Patient)	7.5	15.6	0.26	0.51
Frankfurt I (Mutter)	6.7	14.3	0.28	1.33
Frankfurt I (Schwester)	17.6	20.8	0.43	1.59
Frankfurt I (Neffe)	16.4	19.0	0.42	0.72
Frankfurt II	12.0	18.0	0.54	0.16

Ein abnormales Plasminogenmolekül wurde von AOKI et al. in Japan (1), von WOHL et al. in Chicago (8), von SORIA et al. in Paris (7) sowie von unserer Gruppe (6) beschrieben. Bei diesen Patienten ist der erniedrigte Quotient der funktionellen Aktivität und dem Antigen typisch. Die Plasminbildungsgeschwindigkeit durch Zugabe von Streptokinase (Abb. 1) und Urokinase (Abb. 2) ist vermindert. Tab. 5 zeigt die Ergebnisse von ROBBINS et al. und von unseren Patienten.

Tab. 6 demonstriert, daß die Diskrepanz zwischen funktioneller und immunologischer Bestimmung eine wichtige Rolle bei der Erstellung der klinischen Diagnose spielt. Tab. 6 zeigt die veröffentlichten Daten hinsichtlich der Diskrepanz zwischen funktioneller und immunologischer Plasminogenbestimmung.

Tabelle 6: Diskrepanz zwischen biologischer und immunologischer Plasminogenbestimmung

0.2	Tokio	Kazama et al.	1981/3
0.41	Chicago I	Wohl et al.	1979/8
0.5	Tochigi	Aoki et al.	1978/1
0.5	Paris	Soria et al.	1982/7
0.81	Chicago III	Wohl et al.	1982/9
0.88	Chicago II	Wohl et al.	1979/8
0.48	Frankfurt I		
0.6	Frankfurt II		

Ein Quotient unter 1 bei einem Patienten mit typischen klinischen Symptomen und ohne andere abnormale Gerinnungs- und Fibrinolysewerte sollte zur Durchführung weiterer Untersuchungen mit der Ermittlung der Plasminbildungsgeschwindigkeit und der Isolierung und Reinigung des abnormalen Plasminogenmoleküls führen. Als Differentialdiagnose eines abnormalen Plasminogenmoleküls sind eine Hypoplasminogenämie sowie Urokinase- und Streptokinaseinhibitoren in Betracht zu ziehen.

ROBBINS und Mitarbeiter unterschieden drei Klassen (Tab. 7) von Plasminogenvarianten.

Tabelle 7: Klassen von Plasminogenvarianten

Klasse	abnormal	normal
A-Tochigi	Defekt des aktiven Zentrums Änderung der Ladungsdifferenz	normale Spaltung der Arg_{560}-Val-Peptidbindung
B-Chicago I	K_m der Aktivierung defekt, mit beeinträchtigter Aktivatorbindung	normale Spaltung der Arg_{560}-Val-Peptidbindung
C-Chicago II	K_m der Aktivierung defekt, mit eingeschränkter Aktivatorbindung K_{cat} der Aktivierung defekt, mit eingeschränkter Spaltung der Arg_{560}-Val-Peptidbindung	

Wohl et al. 1982

Aus ihren Daten folgerten sie, daß sowohl in abnormalen Zymogenen die Bindungseigenschaften der Aktivatoren als auch die in den äquimolaren Zymogen-Streptokinasekomplexen gebildeten aktiven Zentren beeinträchtigt waren.
Neben einer erniedrigten Plasminogenkonzentration und der Veränderung der Plasminbildungsgeschwindigkeit wurde auch die Verminderung von Plasminogenaktivator als eine Ursache für die Ausbildung venöser Thrombosen diskutiert. Der Spiegel des Plasminogenaktivators kann nach einer 20 Minuten langen venösen Stauung oder nach DDAVP-Infusion auf Fibrinplatten gemessen werden. Eine Beeinträchtigung kann entweder durch eine verminderte Freisetzung vom venösen Endothel oder durch einen verminderten Gehalt im Endothel oder durch das Auftreten eines spezifischen Inhibitors gegen TPA hervorgerufen werden.

Die in der Literatur beschriebene Häufigkeit bei Patienten mit Thrombosen zeigt eine große Variationsbreite, von 73 % im Kollektiv von NILSSON et al. 1983 (5) bis zu 33 % bei den Wiener Patienten (4). Bei unseren Patienten fanden wir auch ein gehäuftes Auftreten: 15 % mit verminderter Freisetzungsreaktion bei wiederholten Untersuchungen. Bei diesen Patienten fanden wir eine auffallend hohe Inzidenz rezidivierender Thrombosen. Veröffentlichungen über thromboembolische Erkrankungen bei Patienten mit Dysfibrinogenämie wurden in den letzten Jahren häufiger publiziert (Fibrinogen "Baltimore", "Haifa", "New York", "Oslo" und "Paris").

Tabelle 8: Untersuchung eines stabilen Dicoumarin-Kollektivs (n = 29, TPZ: 17,7 %)
- Protein C -

	Mittelwert (%)	SD	Bereich	VK
Protein C, Elpho	43.18	14.9	28 - 58	34.55
Protein C, Elisa	36.17	14.3	21 - 50	39.78
II (Antigen)	47.48	10.1	37 - 57	21.35
X (Antigen)	44.86	7.38	37 - 52	16.46
PC:AG/II:AG	0.9	0.26	0.64 - 1.17	29.61
PC:AG/X:AG	0.96	0.27	0.68 - 1.23	28.8

Ein weiterer Faktor bei der Thrombophilie ist Protein C. Die Häufigkeit des Auftretens eines Protein C-Mangels bei Thrombosepatienten wurde auf 1 bis 2 % geschätzt; möglicherweise liegt die Häufigkeit viel höher. Bei unseren juvenilen Thrombosepatienten fanden wir einen Prozentsatz von ungefähr 6 %. Diese Patienten hatten keine Lebererkrankungen oder DIC. Alle Patienten wurden wiederholt untersucht, und zwar mit der Laurell'schen und der ELISA-Technik. Während der stabilen Antikoagulantienbehandlung (Tab. 8) schwankten die Protein C-Spiegel zwischen 30 bis 50 % bei unseren Patienten mit Vitium cordis ohne angeborenen oder erworbenen Protein C-Mangel.

Im Unterschied zu den Befunden der Tab. 8 sind bei Patienten mit angeborenem Protein C-Mangel die Spiegel unter Antikoagulantienbehandlung niedriger. Tab. 9 vergleicht das Verhalten von AT III und Protein C.

Bis jetzt fanden wir keinen kombinierten Defekt. Besonders unsere Patienten mit Plasminogenmangel, mit abnormalem Plasminogenmolekül, mit Antithrombin III-Mangel und mit reduzierter Plasminogenaktivator-Freisetzung wiesen normale Protein C-Spiegel auf. Weiterhin wurden 8 unserer Patienten mit Protein C-Mangel auf Plasminogenspiegel, abnormale Plasminogenmoleküle, Antithrombin III-Mangel und die Plasminogenaktivator-Freisetzung hin untersucht. Es konnte kein Defekt oder ein anderer Mangel nachgewiesen werden.

Zusammenfassend läßt sich feststellen, daß wir bei unseren juvenilen Thrombosepatienten (n = 200 untersuchte Patienten) einen Prozentsatz von 25 % mit angeborenen Gerinnungs- und Fibrinolysedefekten gefunden haben. Diese Beobachtungen sind wichtig wegen der therapeutischen Konsequenzen einer lebenslangen prophylaktischen Behandlung mit Antikoagulantien bei diesen Patienten.

Tabelle 9: Vergleich von AT III und Protein C

	AT III	Protein C
Plasmaprotein	$alpha_2$-Globulin	Zymogen
Molekulargewicht	65 000 Dalton	62 000 Dalton
Syntheseort	Leber	Leber
Plasmakonzentration		
Antigen	22 - 39 mg/dl	0.99 ± 0.17 U/ml
Aktivität	80 - 120 %	0.94 ± 0.17 U/ml
Halbwertszeit	2.8 ± 0.3 Tage	5 - 7 Stunden
Biologische Charakteristika	Inhib. von Serinproteasen Inhib. von Thrombin Cof. d. Heparinwirkung	Serinprotease Inaktivator der aktiv. F VIII und FV
Verhalten unter oraler Antikoag. Therapie	Anstieg	Abfall
Therapie bei Mangel	AT III-Konzentrate orale Antikoagulantien	orale Antikoagulantien

Literatur

1. Aoki, N., Moroi, M., Sakata, Y., Yoshida, N.: J. Clin. Invest. 61, 1186-1195 (1978)

2. Hach, V., Walter-Fincke, R., Maas, C., Heyland, H., Scharrer, I.: Poster anläßlich des 3. Kongresses für Thrombose und Blutstillung, Bern 1984, Abstract band, P.2.3, p. 56 (1984)

3. Kazama, M., Tahara, C., Suzuki, Z., Gohchi, K., Abe, T.: Thromb. Res. 21, 517-522 (1981)

4. Korninger, C., Lechner, K., Niessner, H., Gössinger, H., Kundi, M.: Thromb. Haemostas. 52, 127-130 (1984)

5. Nilsson, J.M., Tengborn, L.: In: Clinical Aspects of Fibrinolysis and Thrombolysis. Sysjysk Universitetsvorlag, Esbjerg, 19 (1983)

6. Scharrer, I., Robbins, K.C., Wohl, R.C., Hach, V., Maas, C.: Thromb. Haemostas. 50, 257 (1983)

7. Soria, J., Soria, C., Bertrand, O., Lefur, M.A., Drouet, L., Baudony, Y., Dupuy, E.: Hemostasis 11, 1 (1982)

8. Wohl, R.C., Summaria, L., Robbins, K.C.: J. Biol. Chem. 254, 9063-9069 (1979)

9. Wohl, R.C., Summaria, L., Robbins, K.C., Chediak, J., Rosenfeld, S.: Thromb. Haemostas. 48, 146-152 (1982)

PROTEIN C-KONZENTRATION NACH ELEKTIVEN HÜFTGELENKSOPERATIONEN

Theodor H. Schöndorf und Irene Witt

Zentrum für Innere Medizin der Justus-Liebig-Universität
6300 Gießen
Biochemisches Labor der Universitäts-Kinderklinik
7800 Freiburg

EINLEITUNG

Das hohe Vorkommen tiefer Venenthrombosen und Lungenembolien nach Notfall- oder elektiven Hüftgelenksoperationen ist gut untersucht (1). In früheren gerinnungsphysiologischen Untersuchungen (2, 3) wurde eine signifikante Abnahme der Antithrombin III-Aktivität gefunden, und bei 55-60 % der Patienten konnte gleichzeitig ein pathologischer Anstieg der Fibrinmonomeren bis zum 3. postoperativen Tag gezeigt werden.

Das Auftreten löslicher Fibrinmonomere erklärt sich durch die operationsbedingte Gewebeverletzung mit einer gesteigerten intravaskulären Thrombinbildung. Antithrombin III nimmt ab, da es durch Komplexbildung mit aktivierten Gerinnungsfaktoren verbraucht wird.

Mannucci und Vigano (4) berichteten über erworbenen Protein C-Mangel bei Patienten nach verschiedenen Operationen. Die immunologisch gemessene Protein C-Konzentration war, verglichen mit den präoperativen Werten, am ersten und zweiten postoperativen Tag um etwa 20 % erniedrigt. Die Autoren interpretierten diese Erniedrigung als Ergebnis eines Verbrauchs aufgrund gesteigerter Thrombinbildung durch die in-vivo Aktivierung des plasmatischen Gerinnungssystems, ähnlich wie es für Antithrombin III angenommen wird.

Das Ziel unserer Studie war es, herauszufinden, ob eine Verminderung des Protein C für das hohe Thromboembolie-Risiko nach Hüftgelenksoperationen anzusehen ist.

Methoden

Die Konzentration des Protein C-Antigen (PCAg) wurde mit einem ELISA-Kit entsprechend den Angaben des Herstellers (Boehringer Mannheim) bestimmt.
Die Antithrombin III-Aktivität wurde mit einer chromogenen Substrat-Methode (Boehringer Mannheim) bestimmt. Die Faktor VII-Aktivität wurde ebenfalls mit einem chromogenen Testsystem (4) gemessen.
Fibrinogen wurde mit einem funktionellen Gerinnungstest (Clauss-Methode) und a_2- Makroglobulin immunologisch mit dem Immunchemie-System (Beckman Instruments, München) bestimmt.

Patienten

Die 20 Patienten (12 Frauen, 8 Männer), deren Plasmen analysiert wurden, waren zwischen 48 und 78 Jahre alt ($\bar{x}$ = 64,2). Sie waren in guter gesundheitlicher Verfassung, ausgenommen ihre degenerative Hüftgelenksarthrose. Operations-Art, Narkoseform sowie perioperative Betreuung wurde bei den Patienten identisch gehandhabt.

Ergebnisse

Nach dem elektiven Hüftgelenksersatz beobachteten wir eine Verminderung der Gerinnungsinhibitoren Protein C, Antithrombin III und a_2-Makroglobulin. Die niedrigsten Werte traten am ersten postoperativen Tag auf (Abb. 1); während der folgenden Tage stiegen die Inhibitoren wieder auf die präoperativen Werte an.
Abb. 2 zeigt die Verminderung von Protein C und die Abnahme des prokoagulatorischen Faktors VII. Die Synthese beider Gerinnungsproteine ist Vitamin K-abhängig. Fibrinogen stieg als Akutphase-Protein postoperativ stark an.

Die Hämatokritwerte waren einerseits durch Blutverlust und andererseits durch kompensatorischen Volumenersatz nach den Operationen bei unseren am Hüftgelenk operierten Patienten am 1. postoperativen Tag um durchschnittlich etwa 20 % vermindert.
Im Vergleich dazu fielen Protein C um 15 % und die Aktivitäten von Antithrombin III und a_2-Makroglobulin um 30 % bzw. 40 % ab.
Es ist daher anzunehmen, daß die postoperative Verminderung von Protein C aus einer Hämodilution resultiert, da die Erniedrigung den Hämatokrit nicht übersteigt. Dagegen ist die Verminderung von Antithrombin III und a_2-Makroglobulin stärker als die Abnahme des Hämatokrit. Die Verminderung der beiden Inhibitoren ist

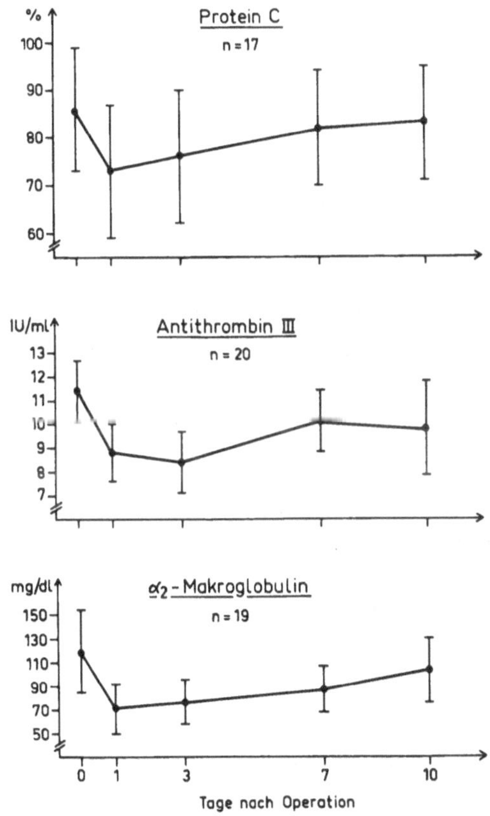

Abb. 1 Verminderung der Plasma-Inhibitoren nach elektiven Hüftgelenksoperationen

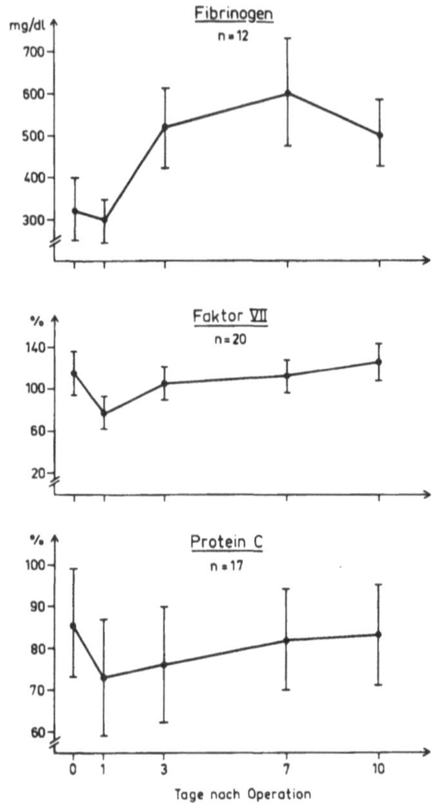

Abb. 2: Veränderungen der Gerinnungsproteine nach elektiven Hüftgelenksoperationen

daher nicht nur durch die Verdünnung verursacht, sondern auch als eine Folge des Verbrauchs durch die aktivierten Gerinnungsfaktoren anzusehen.

Ein zusätzliches Zeichen für die Gerinnungsaktivierung ist die erhebliche Abnahme des Gerinnungsfaktors VII.

Die Ergebnisse unserer Studie stehen in Übereinstimmung mit der Beobachtung von Mannucci, daß Protein C postoperativ vermindert ist. Wir sind jedoch nicht der Meinung, daß Protein C durch die Aktivierung des plasmatischen Gerinnungssystems verbraucht wird, sondern daß die beobachtete Erniedrigung ein Verdünnungseffekt ist.

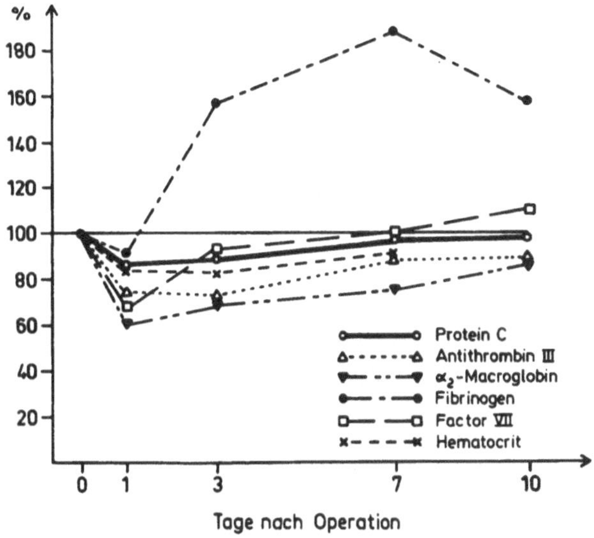

Abb. 3: Relative Veränderungen von Hämatokrit und Gerinnungs-Proteinen nach elektiven Hüftgelenksoperationen

LITERATUR

1. Bergquist, D.: Postoperative Thromboembolism, Frequency, Etiology, Prophylaxis. Springer-Verlag, Berlin-Heidelberg-New York 1983

2. Schöndorf, T. H., Oehler, G.: Thromb. Haemostas. 50, 50 (1983)

3. Mannucci, P. M., Vigano, S.: Lancet II, 463-467 (1982)

4. Witt, I., Krause, P.: 29. Jahrestagung der DAB/GTH, 1985 Abstract HP 7.7.4

PROTEIN C UNTER HEPARIN-BEHANDLUNG

Ulrich Schmitz-Hübner

Medizinische Klinik und Poliklinik
der Westfälischen Wilhelms-Universität
4400 Münster

EINFÜHRUNG

Heparin und seine Derivate haben mehrere Wirkungen auf das Gerinnungssystem, die bis heute nur teilweise aufgeklärt wurden (1). Die für die antithrombotische Aktivität dieser Substanz verantwortlichen Mechanismen werden noch wenig verstanden (1, 2). Es wurde nachgewiesen, daß Protein C die Fähigkeit hat, die Faktoren Va und VIIIa zu hemmen und die fibrinolytische Aktivität im Blut einiger Spezies zu verstärken. Man hat vermutet, daß Heparin auch mit dem Aktivierungs- und Hemmungsmechanismus von Protein C in Wechselwirkung stehen könnte (3, 4).
In den vorliegenden Versuchen wurde die Protein C-Konzentration (PC Ag) vor und nach Verabreichung verschiedener Heparinpräparationen an gesunde Freiwillige bestimmt als ein Vorversuch zur Abschätzung der Wirkung der Heparinbehandlung auf Protein C unter klinischen Bedingungen.

MATERIAL UND METHODEN

1) Heparin Präparate Unfraktioniertes Natrium-Heparin aus Schweinemucosa (UFH), mittleres Molekulargewicht 12,500. Niedermolekulares Heparin (LMWH) gewonnen aus UFH durch Ultrafiltration (Braun Melsungen AG, 3508 Melsungen, FRG), mittleres Molekulargewicht 9,500.

2) Versuchspersonen. Die UFH- und LMWH-Präparate wurden 1. durch subkutane Injektion an sechs gesunde Individuen und 2. durch intravenöse Injektion an acht gesunde Individuen beiderlei Geschlechts im Alter von 20 bis 28 Jahren verabreicht. Jede Versuchsperson erhielt beide Arten der Heparin-Präparate in einem Überkreuzversuch, nachdem ihre Zustimmung eingeholt worden war. Zwischen den beiden Behandlungen lag ein Intervall von mindestens einer Woche.

3) Plasma. Neun Teile Venenblut wurden mit einem Teil 3,8 %iger (w/v) Natriumcitratlösung vermischt und sofort bei 4 °C und 2,500 g 40 Minuten lang zentrifugiert. Für die Aufstellung von Standardkurven wurden Normalplasmapools von wenigstens 20 gesunden Spendern gewonnen und in derselben Weise verarbeitet. Die Plasmaproben wurden schockgefroren und bei -30°C aufbewahrt

4) Heparin-Bestimmung. Die heparininduzierte Anti-Xa-Aktivität und Anti-IIa-Aktivität wurden durch chromogene Substratmethoden (5) unter Verwendung der synthetischen Substrate S-2222 und S-2238 von KABI AG, München, nachgewiesen.

5) Protein C-Bestimmung. Die Bestimmung von Protein C-Antigen (PCAg) im Plasma wurde mit einem ELISA-Kit nach der Arbeitsvorschrift des Herstellers (Boehringer Mannheim) durchgeführt. Die Variationskoeffizienten waren folgendermaßen: Intra-assay (n = 15) 3,49 %, Inter-assay (n = 7) 6,69 %. Die PCAg-Konzentration im untersuchten Plasma lag innerhalb des Normbereichs.

6) Statistische Untersuchungen. Probenpaare wurden mit dem Wilcoxon Test verglichen (6). Die Untersuchung über die Verteilung der PCAg-Konzentrationen in gesunden Versuchspersonen wurde mit dem Kolmogoff-Test durchgeführt.

ERGEBNISSE

1) Verteilung der PCAg-Konzentrationen in gesunden Individuen. Abb. 1 zeigt die Meßergebnisse von PCAg im Plasma von 100 gesunden Versuchspersonen im Alter von 20-40 Jahren. Der Mittelwert war 90,6 % mit einer Standardabweichung von 13,3 %. Die Ergebnisse waren normal verteilt zwischen den Extremwerten von 60 und 125 %.

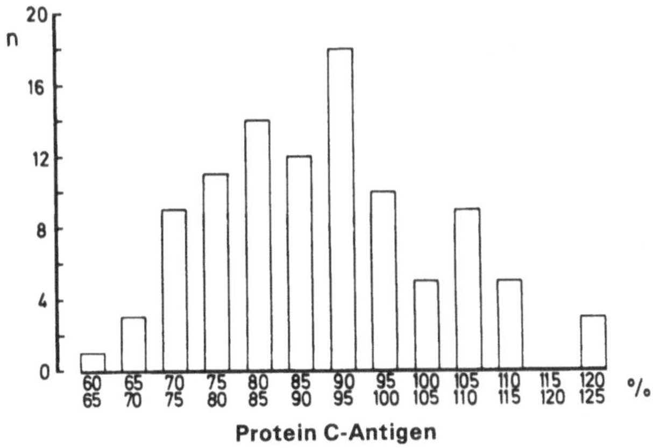

Abb. 1: Ergebnisse der PCAg-Bestimmungen in 100 gesunden Individuen.

2) Intravenöse Gabe von Heparin.
Wie in Abb. 2 dargestellt, verursacht die i.v.-Gabe von 2,000 IU gewöhnlichen Heparins nur unbedeutende Änderungen der PCAg-Konzentration, obwohl während wenigstens 60 Minuten ganz beträchtliche Spiegel der Heparin-Aktivität erreicht werden. Ausgeprägtere Wirkungen können nach i.v.-Injektionen derselben Dosis der LMWH-Fraktion festgestellt werden (Abb. 3). Nach anfänglichem Abfall zeigen die PCAg-Werte einen markanten aber kurzzeitigen Anstieg und fallen 60 Minuten nach Injektion auf ihren Ausgangsspiegel zurück. Vergleicht man die Auswirkungen der beiden Heparin-Präparate auf das PCAg, so ist ein signifikanter Unterschied der 30 Minuten nach Injektion erhaltenen Werte zu beobachten.

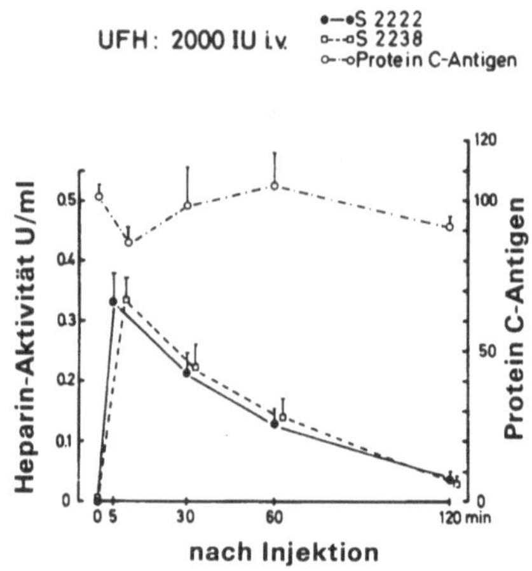

Abb. 2: PCAg-Spiegel und Heparin-Aktivitäten vor und nach i.v.-Verabreichung des unfraktionierten Heparins. Mittelwerte ± SEM, n = 8

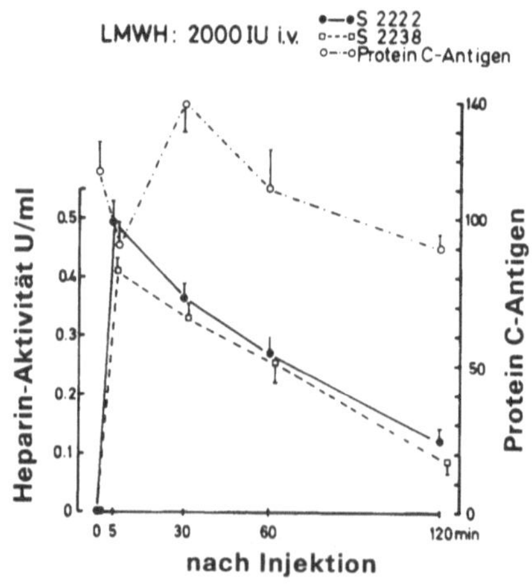

Abb. 3: PCAg-Spiegel und Heparin-Aktivitäten vor und nach i.v.-Verabreichung der LMWH-Fraktion. Mittelwerte ± SEM, n = 8

3) Subkutane Verabreichung von Heparin.

Vergleichbare Dosen der beiden Heparin-Präparate, die drei Tage lang zweimal täglich subkutan verabreicht wurden, bewirkten keine signifikanten Änderungen der PCAg-Konzentration. Die PCAg-Konzentration wurde vor und 120 Minuten nach subkutaner Injektion am 1. und 3. Tag des Versuches bestimmt. (Abb. 4).

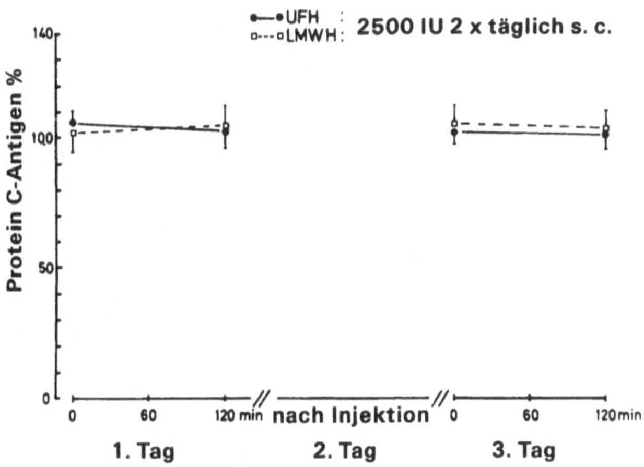

Abb. 4: PCAg-Spiegel vor und nach s.c.-Verabreichung des unfraktionierten Heparins oder der LMWH-Fraktion zweimal täglich während drei Tagen. Mittelwerte $\pm$ SEM, n = 6

DISKUSSION

Die vorliegenden Ergebnisse bestätigen, daß das in dieser Studie angewandte immunologische Testsystem eine exakte und reproduzierbare Methode zur Bestimmung der Protein C-Konzentration im Plasma darstellt. Eine normale Verteilung der bei 100 gesunden Individuen gemessenen Werte konnte dokumentiert werden. Der Mittelwert von 90,6 % lag ziemlich niedrig, was auf die Tatsache hindeutet, daß das für die Erstellung der Protein C-Referenzkurve bestimmte Poolplasma aus einer größeren Gruppe gesunder Spender gewonnen werden sollte.

Gewöhnliches Heparin in der in dieser Studie angewandten Dosierung beeinflußt die Protein C-Konzentration nicht. Die LMWH-Fraktion jedoch schien bei intravenöser Verabreichung eine vorübergehende Wirkung zu haben. Während es gegenwärtig nicht als gesichert erscheint, daß diese Wirkung in irgend einer Beziehung zu den charakteristischen Merkmalen des Heparins mit niedrigem Molekulargewicht steht, sollten weitere Studien mit adäquaten funktionellen Bestimmungsmethoden für Protein C die Natur der beobachteten Veränderungen klären.

LITERATUR

1. Björk, I., Lindahl, U.: Mol. Cell. Biochem. 48, 161-182 (1982).
2. Witt, I.: Heparin. New Biochemical and Medical Aspects, Walter de Gruyter, Berlin . New York 1982.
3. Esmon, C.T., Harris, K.W., Esmon, N.L., Nixon, R.N., De Bault, L.E.: Thromb. Haemostas. 50, 419 (1983).
4. Suzuki, K., Nishioka, J., Hashimoto, S.: J. Biol. Chem. 258, 163-168 (1983).
5. Schmitz-Huebner, U., Balleisen, L., Asbeck, F., van de Loo, J.: Thromb. Haemostas. 46, 612-616 (1981).
6. Sachs, L.: Angewandte Statistik, Springer, Berlin . Heidelberg . New York 1978

PLASMA-PROTEIN C-SPIEGEL UNTER LANGZEITANTIKOAGULATION MIT PHENPROCOUMON

P. Hellstern, G. von Blohn, C. Miyashita, M. Köhler, P. Scheffler, E. Wenzel

Abteilung für Klinische Hämostaseologie
und Transfusionsmedizin, Universität des Saarlandes
6650 Homburg/Saar

EINLEITUNG

Protein C (PC) ist ein Vitamin K-abhängiger Inhibitor der plasmatischen Gerinnung. Vitamin K-Mangel und orale Antikoagulation führen demzufolge zu einem Abfall der Plasma-PC-Spiegel. Wir haben PC-Spiegel während der Initialphase und während der stabilen Phase der oralen Antikoagualantientherapie gemessen.

METHODEN

Protein C wurde mit einem kommerziellen MICROELISA-Test von Boehringer Mannheim in plättchenarmem Zitratplasma (cPPP) gemessen. Es wurden MICROELISA-Platten von Nunc verwendet, und die Auswertung und Messung erfolgte mit Hilfe eines Dynatech-Gerätes. Die Laborkontrolle der oralen Antikoagulantientherapie erfolgte mit Calcium-Thromboplastin und mit Hepato-Quick-Reagenz der Firma Boehringer Mannheim. Zusätzlich wurden folgende Thromboplastine eingesetzt:
Simplastin (Gödecke), Thromborel (Behring), Normotest und Thrombotest (Immuno).
Zur Ermittlung eines PC-Normwertbereiches wurden die Plasmen von 50 gesunden Frauen und 50 gesunden Männern herangezogen. Die Bezugskurve wurde mit Hilfe eines Zitratplasmapools aus den Plasmen von 30 gesunden Probanden erstellt. 5 Patienten wurden während der Einleitungsphase einer oralen Antikoagulation untersucht und weitere 20 Patienten während der stabilen Phase. Die letzteren wurden 6x in 2-3wöchigen Abständen untersucht (Tab. 1).

Protein C

Tabelle 1: Charakterisierung der Patienten unter stabiler oraler Antikoagulation

---

Patienten: 13 Männer, 7 Frauen

Definition der stabilen Antikoagulation:

Ca-Thromboplastin: $\bar{x}$ = 25,5 % (s = 6,3 %)

HQ: $\bar{x}$ = 14,4 % (s = 4,6 %)

6 Untersuchungen in 2-3wöchigen Abständen

12 Patienten: keine Änderung der Phenprocoumon-Dosis

8 Patienten: leichte Änderungen von weniger als 15 % der individuellen Dosis

keine Blutungskomplikationen, keine thromboembolischen Komplikationen.

ERGEBNISSE

Der Normbereich von PC (2,5- und 97,5-Percentile) lag zwischen 64 und 150 %. Während der Einleitungsphase der oralen Antikoagulantientherapie fielen die PC-Spiegel in enger Korrelation zu den Quick- und Hepato-Quick-Werten ab (Abb. 1). Nach Erreichen des therapeutischen Bereiches lagen die PC-Spiegel zwischen 31 und 61 %.

Der Mittelwert der PC-Werte unter stabiler oraler Antikoagulation betrug 50 % (s = 12,6 %). Die intraindividuellen und die interindividuellen Schwankungen von PC liegen in der Größenordnung der Schwankungen der Thromboplastinzeiten (Tab. 2).

Während der stabilen Phase der oralen Antikoagulation bestand nur eine schwache Korrelation zwischen den Quick-Werten (Calcium-Thromboplastin) und den PC-Spiegeln (Abb. 2). Fünf weitere Thromboplastine mit nachweislich unterschiedlicher Sensitivität für Schwankungen von Faktor II, VII und X wurden ebenfalls mit den PC-Spiegeln korreliert, und auch in diesen Fällen war die Korrelation schwach (Tab. 3).

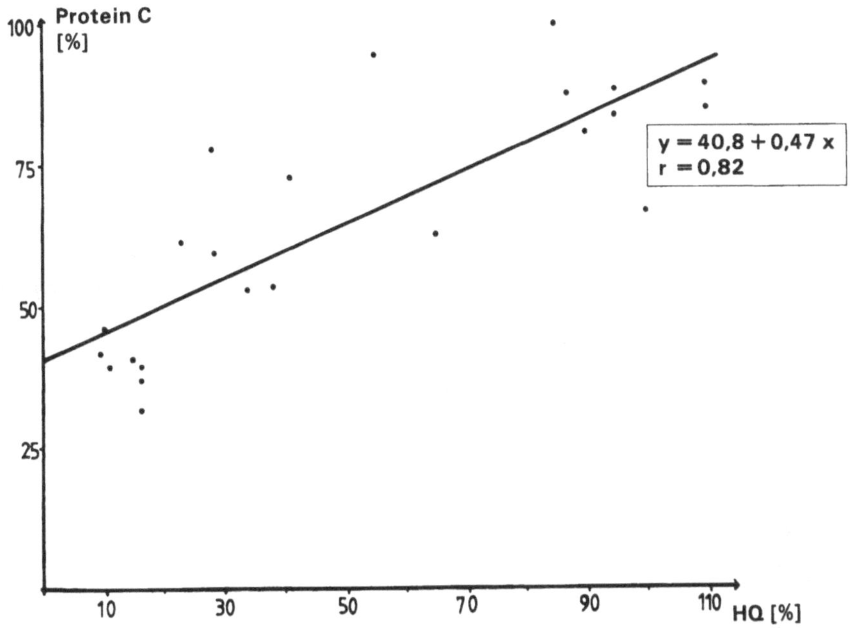

Abb. 1: Korrelation zwischen Hepato Quick (HQ) und Protein C während der Einleitungsphase der oralen Antikoagulation

Tabelle 2: Interindividuelle und intraindividuelle Variation von PC, Calcium-Thromboplastinzeit und Hepato-Quickwerten bei Patienten unter stabiler oraler Antikoagulation. Die Werte dürfen nicht verwechselt werden mit der Präzision in Serie und der Präzision von Tag zu Tag!

PROTEIN C	VK intra = 22,3 %
	VK inter = 40,0 %
Ca-THROMBOPLASTIN	VK intra = 21,3 %
	VK inter = 43,6 %
HEPATO QUICK	VK intra = 26,8 %
	VK inter = 51,4 %

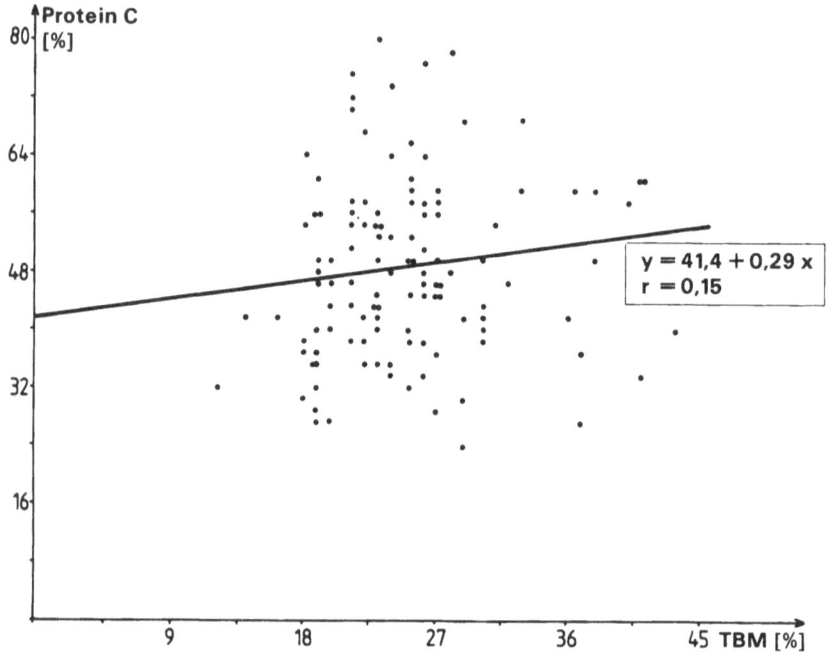

Abb. 2: Korrelation zwischen Calcium-Thromboplastinzeit und Protein C während der stabilen Phase der oralen Antikoagulation

Tabelle 3: Korrelation (r) zwischen Protein C und Prothrombinzeit (n = 120)

Ca-Thromboplastin	0,15
Hepato Quick	0,20
Simplastin	0,03
Thromborel	0,10
Normotest	0,07
Thrombotest	0,07

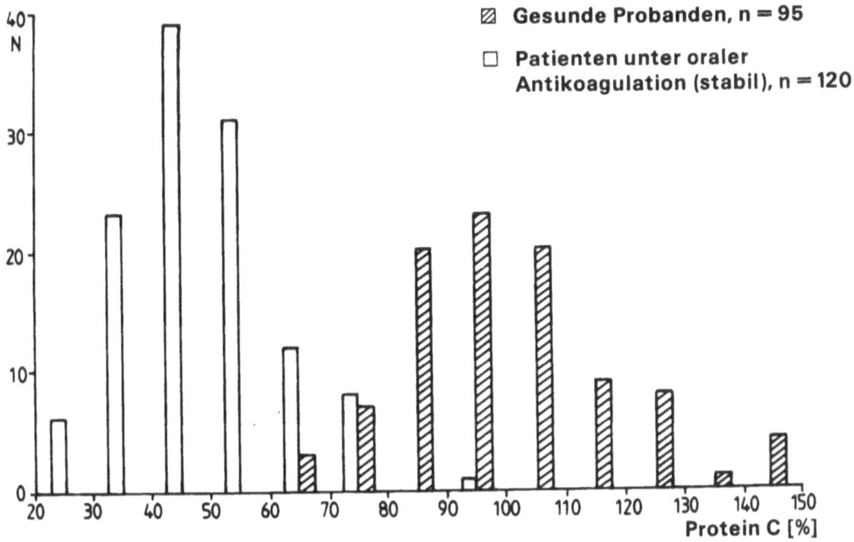

Abb. 3: Normbereich der Plasma-Protein C-Konzentration und Schwankungsbreite der Protein C-Spiegel unter stabiler oraler Antikoagulation

SCHLUSSFOLGERUNGEN

In Übereinstimmung mit anderen Autoren fanden wir während der Einleitungsphase einer oralen Antikoagulation einen raschen Abfall von PC in enger Korrelation zu den Hepato-Quick-Werten. Während der stabilen Phase der oralen Antikoagulation waren die PC-Spiegel im Mittel auf 50 % vermindert. Der PC-Normwertbereich und die PC-Spiegel unter oraler Antikoagulation überlappen sich zu einem geringen Teil (Abb. 3). Hieraus ergibt sich eine etwas unbefriedigende Sensitivität und Effizienz der PC-Konzentrationsmessung zur Erfassung eines Vitamin K-Mangels oder Vitamin K-Antagonismus. Sowohl die Gerinnungs-Tests als auch PC zeigen eine relativ hohe interindividuelle und intraindividuelle Variation der Werte. Demgegenüber ist die Präzision in Serie und die Präzision von Tag zu Tag für die PC-Bestimmung unter Verwendung der MICROELISA-Technik mit einem VK unter 10 % zufriedenstellend.

AKTIVITÄT UND KONZENTRATION VON PROTEIN C BEI PATIENTEN MIT THROMBOEMBOLISCHEN ERKRANKUNGEN UND UNTER PHENPROCOUMON-THERAPIE

Gert Müller-Berghaus, Wilfried Thiel, Klaus T. Preissner, Gerd Oehler und Dieter Heinrich

Klinische Forschungsgruppe für Blutgerinnung und Thrombose der Max-Planck-Gesellschaft und
Zentrum für Innere Medizin der Justus-Liebig-Universität, 6300 Giessen

EINLEITUNG

Verschiedene Methoden zur funktionellen Bestimmung von Protein C sind beschrieben worden, die jedoch einige Probleme in der Durchführung aufweisen. Dazu zählen die geringe Konzentration des Protein C im Plasma, die Existenz eines endogenen Inhibitors gegen Protein C, die Unspezifität der chromogenen Substrate, die für die Messung der Protein C-Aktivität benutzt werden, und die Ungenauigkeit eines Tests, bei dem kein Thrombomodulin zur Aktivierung des Protein C verwendet wird. Im Folgenden beschreiben wir eine funktionelle Bestimmungsmethode, die der von Sala et al. publizierten Methode (1) ähnlich ist.

METHODE

Das Prinzip dieser funktionellen Methode ist in Tab. 1 dargestellt. Das carboxylierte Protein C aus 1 ml Plasma wird durch Adsorption an Bariumcitrat und darauffolgende Elution mit Ethylendiamintetraacetat (EDTA) gewonnen. Anschließend wird das EDTA durch Präzipitation der adsorbierten Proteine mit Polyethylenglykol entfernt. Protein C wird mit Thrombin und dem Cofaktor Thrombomodulin aktiviert, das aus einem Homogenat von Kaninchenlungen gewonnen wurde. Nach der Aktivierung von Protein C werden

Protein C

Thrombin und andere Enzyme durch Antithrombin III und Hirudin inaktiviert, und die Protein C-Aktivität in der Reaktionsmischung wird unter Verwendung des chromogenen Substrats S-2266 gemessen.

Tabelle 1 Prinzip der Bestimmung der Protein C-Aktivität. (Aus Thiel et al. (4))

1. Adsorption an Bariumcitrat
2. Elution mit EDTA
3. Aktivierung von Protein C mit Thrombin, Thrombomodulin und Calciumionen
4. Inaktivierung von Thrombin und anderen Enzymen durch Antithrombin III und Hirudin
5. Messung des aktivierten Protein C mit einem chromogenen Substrat

Die meisten Untersucher verwenden Antithrombin III und Heparin zur Hemmung von Thrombin in der Reaktionsmischung. Voruntersuchungen zeigten, daß Heparin alleine oder zusammen mit Antithrombin III Extinktionsänderungen hervorruft, die von Protein C unabhängig sind. Daraus folgt, daß Heparin zusammen mit anderen Plasmabestandteilen das verwendete chromogene Substrat aktiviert. Aus diesem Grunde wurde Heparin durch Hirudin ersetzt.

Tabelle 2 Präzision der Methode zur Bestimmung der Protein C-Aktivität (n = 12). (Aus Thiel et al. (4)).

	$\bar{x} \pm SD$ (U/ml)	VK %
von Serie zu Serie	0,90 ± 0,05	5,92
von Tag zu Tag	0,96 ± 0,07	7,51

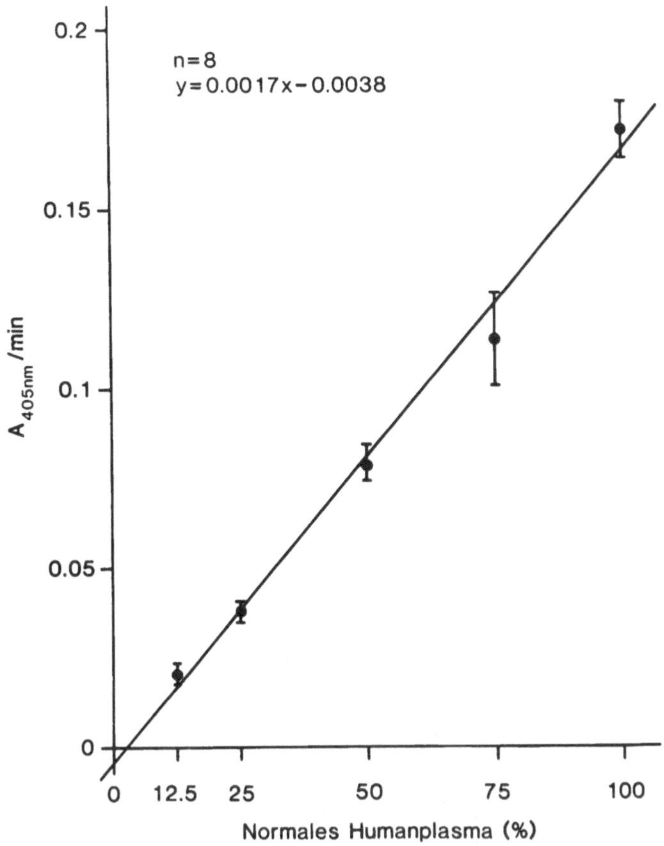

Abb. 1 Bezugskurve für die Bestimmung der Protein C-Aktivität. (Aus Thiel et al. (4)).

ERGEBNISSE

Abb. 1 zeigt die Bezugskurve für die Bestimmung der Protein C-Aktivität. Eine Linearität der Kurve wurde beobachtet, wenn normales Humanplasma von 100 % bis auf 12,5 % verdünnt wurde. Die Präzision der Methode zur Bestimmung der Protein C-Aktivität ist in Tab. 2 wiedergegeben. Der Variationskoeffizient in der Serie beträgt 5,92 % und derjenige von Tag zu Tag 7,51 %.

Tabelle 3 Protein C bei gesunden Individuen und bei Patienten. (Aus Thiel et al. (4)).

	N	Protein C-Aktivität (U/ml) $\bar{x} \pm SD$	Protein C-Antigen (U/ml) $\bar{x} \pm SD$
Normalpersonen	53	0.93 ± 0.23	0.91 ± 0.13
Phenprocoumon-behandelt	103	0.40 ± 0.11	0.43 ± 0.10
Leberzirrhose	24	0.31 ± 0.15	0.34 ± 0.15
DIC	5	0.15 ± 0.06	0.33 ± 0.19

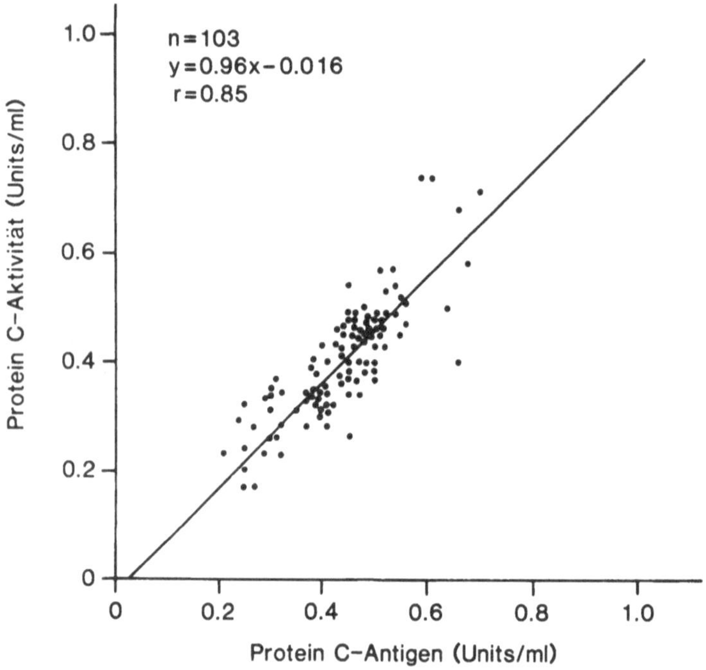

Abb. 2 Korrelation von Protein C-Aktivität und Protein C-Antigen bei 103 Phenprocoumon-behandelten Patienten. (Aus Thiel et al. (4)).

Die funktionelle Methode wurde mit einer immunologischen Bestimmung von Protein C unter Verwendung eines kommerziell erhältlichen ELISA-Kits der Firma Boehringer Mannheim verglichen. Die

Bestimmungen wurden auf Mikrotiterplatten durchgeführt. Aktivität und Konzentration von Protein C wurden in Plasmaproben von 53 gesunden Freiwilligen bestimmt. Der Bereich der Protein C-Aktivität lag zwischen 0,63 und 1,42 U/ml und derjenige des Protein C-Antigen zwischen 0,62 und 1,30 U/ml

Bei 103 Phenprocoumon-behandelten Patienten wurden sowohl die Aktivität als auch die Konzentration von Protein C bestimmt. Aktivität und Konzentration von Protein C korrelierten miteinander mit einem Korrelationskoeffizient von 0,85 (Abb. 2).

Im Gegensatz zu anderen Untersuchern, die ein anderes Testsystem verwendeten (2), zeigen unsere Daten bei Phenprocoumon-behandelten Patienten keine höheren Werte für das Protein C-Antigen als für die Protein C-Aktivität. Bei einem Vergleich der Protein C- Aktivität mit dem Quick-Wert bei 103 Phenprocoumon-behan-

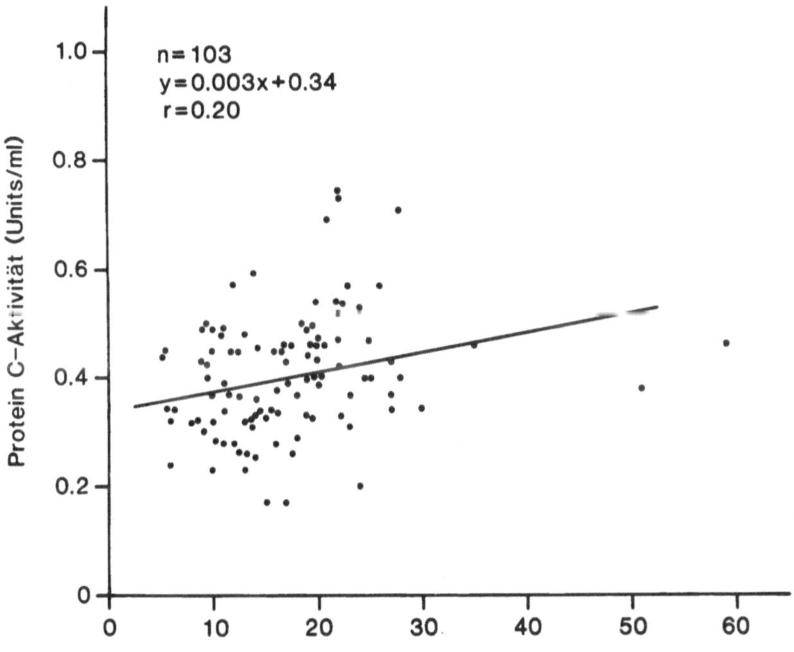

Abb. 3 Fehlende Korrelation zwischen der Protein C-Aktivität und dem Quick-Wert bei 103 Phenprocoumon-behandelten Patienten. (Aus Thiel et al. (4)).

delten Patienten konnte keine Korrelation dieser beiden Parameter gefunden werden (Abb. 3). Diese Befunde zeigen, daß der Quick-Wert keine Information über die Protein C-Aktivität gibt; damit in Übereinstimmung ist die Beobachtung, daß der Abbau von Faktor Va durch das aktivierte Protein C keine entscheidende Rolle bei der Bestimmung des Quick-Wertes spielt. Wegen der kurzen biologischen Halbwertszeit von Protein C scheint die Protein C-Aktivität bei Patienten unter Phenprocoumon-Behandlung viel stärkeren Schwankungen als die Aktivität der Faktoren II und X zu unterliegen.

Bei 5 Patienten mit akuter disseminierter intravaskulärer Gerinnung (DIC) wurden niedrige Protein C-Aktivitäten und niedrige Spiegel von Protein C-Antigen gemessen (Tab. 3). Diese Befunde stehen in Übereinstimmung mit der Beobachtung, daß intrasvaskulär entstandenes Thrombin Protein C an der Oberfläche von Endothelzellen aktiviert. Daraus resultiert ein Verbrauch von Protein C, ähnlich dem Verbrauch anderer Gerinnungsfaktoren im Verlauf einer DIC. Patienten mit disseminierter intravaskulärer Gerinnung zeigten eine Ratio von Protein C-Aktivität zu Protein C-Antigen unter 1. Dies deutet darauf hin, daß ein Teil des zirkulierenden Protein C durch einen Inhibitor gegen aktiviertes Protein C inaktiviert wird (3), und somit die Protein C-Aktivität niedriger als das Protein C-Antigen ist.

Abb. 4 faßt Daten zusammen, die bei Patienten mit Leberzirrhose erhoben wurden. Bei diesen Patienten waren sowohl die Protein C-Aktivität als auch das Protein C-Antigen wegen eingeschränkter Proteinsynthese gleichsinnig erniedrigt. Bei einigen Patienten war die Ratio von Protein C-Aktivität zu Protein C-Antigen deutlich unter 1, was auf die Synthese eines funktionell defekten Proteins oder die Bildung von Komplexen zwischen aktiviertem Protein C und dem Protein Ca-Inhibitor hindeutet.

Diese Befunde demonstrieren die Bedeutung und die Notwendigkeit von funktionellen Bestimmungsmethoden zur Erfassung der Protein C-Aktivität. Eine funktionelle Methode ist für die Diagnosestellung eines Protein C-Mangels vom Typ II ebenso notwendig wie zum Studium des Protein C bei der Regulierung der intravaskulären

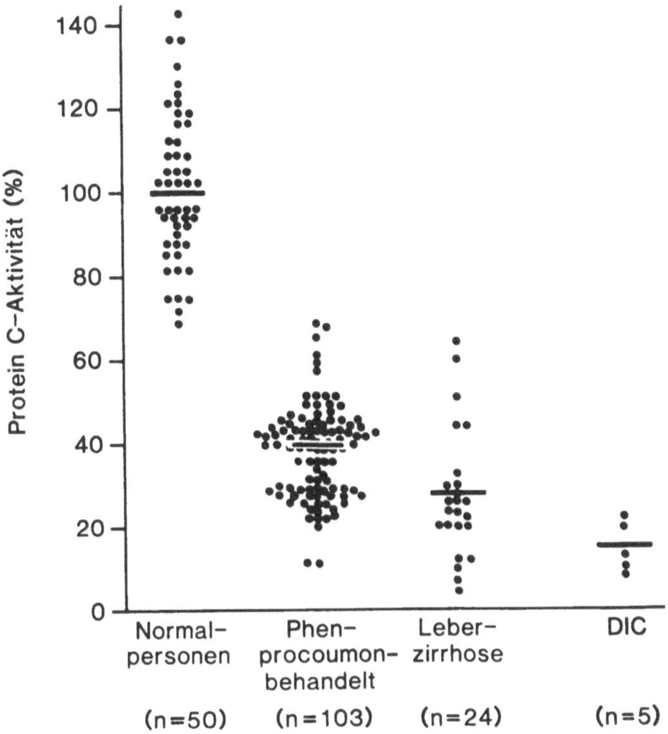

Abb. 4 Mittelwerte der Protein C-Aktivität bei Phenprocoumon-behandelten Patienten und bei Patienten mit Leberzirrhose oder disseminierter intravaskulärer Gerinnung (DIC).

Gerinnung. Die bisher zur Verfügung stehenden Methoden zur Bestimmung der Protein C-Aktivität sind zu kompliziert, zeitaufwendig und teuer, um für Routineuntersuchungen eingesetzt zu werden.

LITERATUR

1. Sala, N., Owen, W.G., Collen, D.: Blood 63, 671-675 (1984).

2. Bertina, R.M., Broekmans, A.W., Krommenhoek-van Es, C., van Wijngaarden, A.: Thromb. Haemostas. 51, 1-5 (1984).

3. Suzuki, K., Nishioka, J., Hashimoto, S.: J. Biol. Chem. 258, 163-168 (1983).

4. Thiel, W., Preissner, K.T., Müller-Berghaus, G.: Blut (Im Druck)

SACHVERZEICHNIS

Äthanolgelationstest 91
Antiprotein C - IgG 36 ff
Antithrombin III 5, 33 ff, 43, 60, 62, 65, 66, 70, 71, 72, 83, 86, 92, 98, 103, 107, 126
Aprotinin 60
L-Asparaginase 65 ff
Arterielle Thrombosen 51
Autoprothrombin II A 1,2

C4b-binding protein 8, 10
Cerebraler Infarkt 49
Cholinesterase 78, 79, 80, 82
Cortisol-Therapie 71, 73

DDAVP 101
Dermatansulfat 9
DIC 38 ff, 44 ff, 60, 82, 91 ff, 128
Dysfibrinogenämie 102

Epsilonaminocapronsäure 60

Faktor II 3, 6, 18, 44, 45, 50, 89, 90, 102, 120, 130
Faktor V 2, 6, 10, 17, 32, 62, 113, 130
Faktor VII 3, 6, 18, 44, 50, 62, 110, 120
Faktor VIII 2, 6, 10, 17, 32, 62, 113
Faktor IX 3, 6, 18, 44, 50, 65
Faktor X 3, 6, 18, 44, 45, 50, 102, 120, 130
Faktor Xa 98, 99
Faktor XI 65
Fibrinmonomere 59, 62, 107
Fibrinogen 59, 60, 62, 65, 66, 68, 73, 91, 108, 110

Fibrin-/ogen-Spaltprodukte (FDP) 91
Fibrinolyse 95 ff
Fibrinopeptid A 91

Hämochromatose 79
Hautnekrosen 50, 52, 63
Heparansulfat 9
Heparin 33 ff, 52, 60, 63, 64, 87, 98, 113 ff, 126
-, Anti-IIa-Aktivität 114
-, Anti-Xa-Aktivität 114
-, niedermolekulares 113 ff
Hepato Quick 120 ff
Hirudin 126
Hüftgelenksoperationen 107 ff
-, Hämatokrit 109
ß-Hydroxyasparaginsäure 3

Komplementsystem 8
Kumarinnekrose 87

Laurell-Methode 26
Lebererkrankungen 44, 77 ff, 128, 131
Leukämie 39, 65 ff, 85, 91 ff
Lungenembolie 48, 51, 85, 95

α_2-Makroglobulin 66, 70, 71, 108

Nephrotisches Syndrom 85, 88 ff

Orale Antikoagulation 38 ff, 44 ff, 50, 52, 87, 99, 103, 119 ff, 125 ff

Phenprocoumon 57, 60, 62, 63, 87, 119, 125 ff

Phospholipide 5, 7, 32

Plasminbildungsgeschwindigkeit 99

Plasminogen 65, 95, 96
-, Varianten 101

Plasminogenaktivator 10, 95
-, Freisetzung 95, 96, 102, 103

Präalbumin 78, 79, 82

Protaminchlorid 40, 41

Protaminsulfat 33

Protein C
-, acarboxy 6, 32, 35
-, Aktivierung 3, 4, 33
-, Bestimmung
- -, funktionell 31 ff, 85, 88, 125 ff
- -, immunologisch 17 ff, 85, 88
-, γ-Carboxylierung 3
-, fibrinolytische Wirkung 10
-, funktionelle Eigenschaften 32
-, Halblebenszeit 3
-, Hüftgelenksoperationen 107 ff
-, Kohlenhydratanteil 3
-, Mangel 38 ff, 43 ff, 47, 50, 57, 63, 86
- -, Behandlung 52
- -, Häufigkeit 51
-, Plasmakonzentration 40 ff, 62, 68, 78, 115, 120, 122, 128
-, Polymorphismus 38 ff
-, Spezies-Spezifität 8
-, Struktur 2
-, Synthese 3

Protein C-Inhibitor 9, 11, 32, 39, 130

Protein S 6 ff, 10, 18, 32

Proteinurie 88

Purpura fulminans 50, 57 ff

Reptilasezeit 62

Russel's Viper Gift 4

Sepsis 39

SLE 39

Stanozolol 52 ff

Steroidbehandlung 90

Streptokinase 97, 100

Streptokinasetherapie 87

Thrombin 33 ff, 126
Thromboembolismus 47, 48, 71, 73, 125
Thrombomodulin 4, 5, 32 ff
Thrombophlebitis 48, 51
Thrombosen 38, 47, 51, 85, 95 ff, 102
Trypsin 4

Urokinase 97, 100

Venöse Thromboembolie 48, 50, 51, 63, 86
Vitamin K 2, 63

FSC
www.fsc.org
MIX
Papier | Fördert
gute Waldnutzung
FSC® C083411

Zeitfracht Medien GmbH
Ferdinand-Jühlke-Straße 7
99095 Erfurt, Deutschland
produktsicherheit@kolibri360.de